I0032100

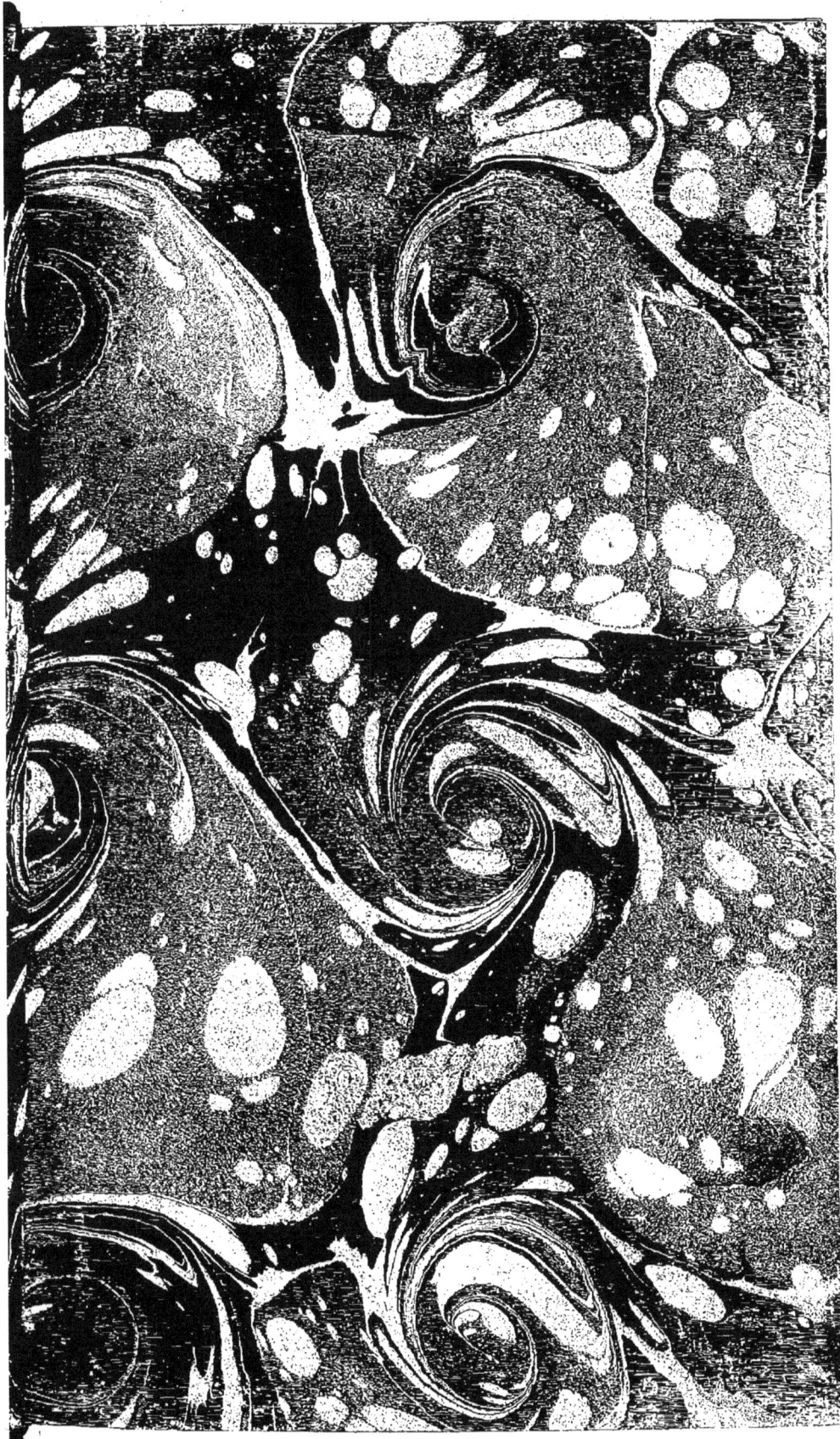

4186 $\frac{89}{1}$ A. ar.

138-4. 18.

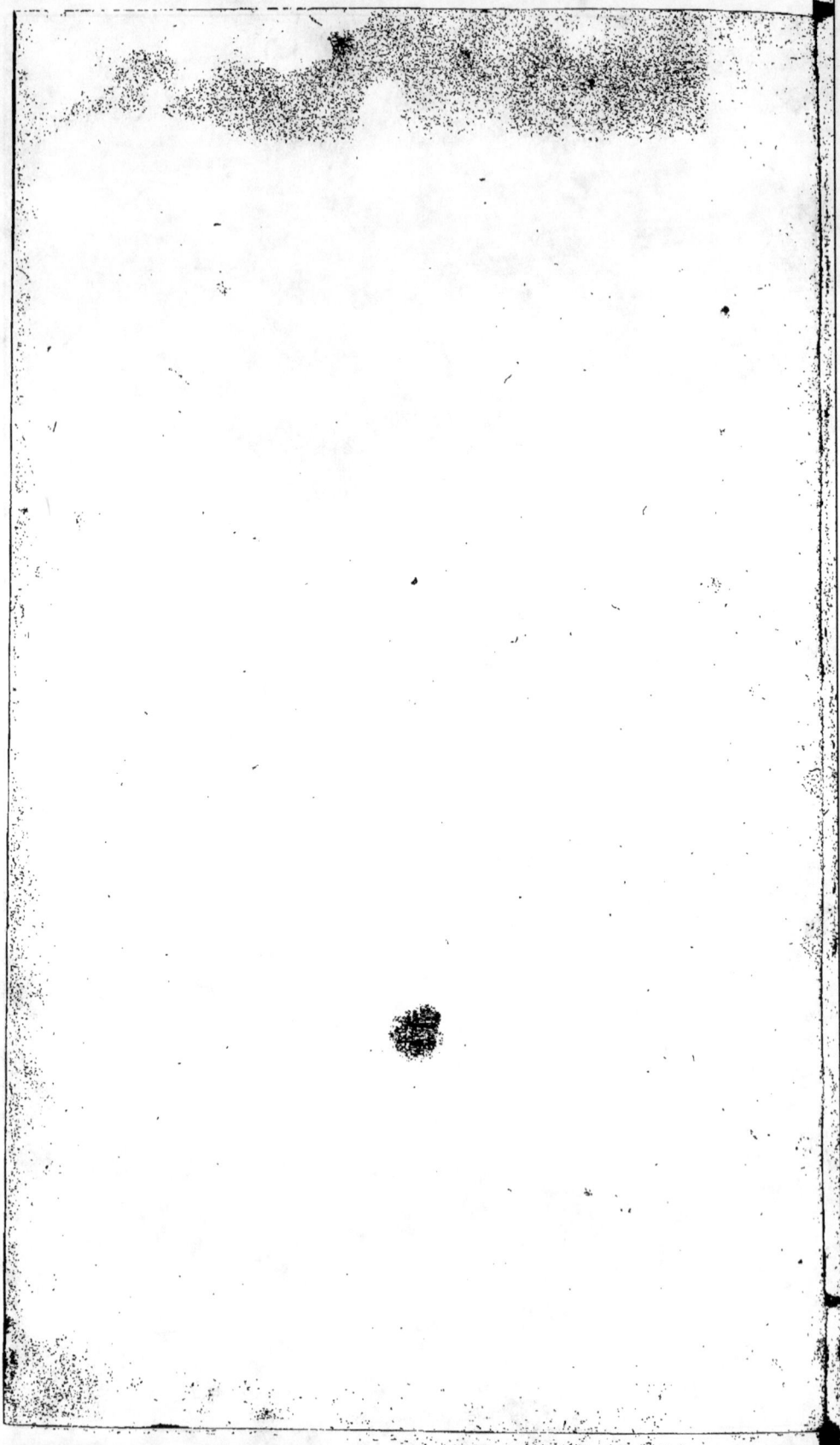

HISTOIRE

NATURELLE

DE LA FRANCE

MÉRIDIONALE.

TOME SECOND.

A

L'OUVRAGE SE VEND;

A PARIS,

Chez
{
P. Fr. DIDOT *jeune, Libraire,*
Quai des Augustins.
GRANGÉ, *Imprimeur - Libraire,*
Rue de la Parcheminerie.
MONORI, *Rue & vis-à-vis l'ancienne Comédie Françoise.*
}

A NISMES,

Chez
{
Castor BELLE, *Imprimeur-Libraire.*
GAUDE, *Père, Fils & Comp. Libraires.*
}

A LYON,

Chez
{
Les Freres PÉRISSE, *Libraires.*
JACQUENOD, *Libraire.*
}

A TOULOUSE,

Chez SENS, *Libraire.*

HISTOIRE

NATURELLE

DE LA FRANCE

MÉRIDIONALE;

Ou RECHERCHES sur la Minéralogie
du Vivarais , du Viennois , du Valentinois,
du Forez, du Velai , de l'Uségeois , du Comtat-
Vénaissin , des Diocèses de Nismes , Montpellier , Agde , &c.
Sur la Physique de la Mer Méditerranée ; sur
les Météores , les Arbres , les Animaux,
l'Homme & la Femme de ces Contrées.

Par M. l'Abbé GIRAUD-SOULAVIE.

TOME SECOND.

A NISMES,

Chez C. BELLE , Imprimeur du Roi,
près le Palais.

M. DCC. LXXX.

Avec Approbation & Privilège du Roi.

8°. S. 7285 ³

Ce qu'il y a de plus difficile dans les sciences n'est pas de connoître les choses qui en font l'objet direct, mais c'est qu'il faut auparavant les dépouiller d'une infinité d'enveloppes dont on les a couvertes, leur ôter toutes les fausses couleurs dont on les a masquées, examiner le fondement & le produit de la méthode par laquelle on les recherche, en séparer ce que l'on y a mis d'arbitraire, & enfin tâcher de reconnoître les préjugés & les erreurs adoptées que ce mélange de l'arbitraire au réel a fait naître : il faut tout cela pour trouver la Nature ; mais ensuite, pour la connoître, il ne faut plus que la comparer avec elle-même.

HIST. **NAT. Disc.** *sur les Anim. carn.*

PRÉFACE.

CE n'est que dès l'an 1772, & pendant les vacances du Séminaire, que frappé de trouver dans mes recherches, des pierres rouges & boursoufflées sur des carrières de granit, des montagnes *coniformes*, des éboulemens vers leur sommet, des neiges qui fondoient à l'entour de quelques petits soupiraux, une ressemblance frappante avec la lave du Vésuve, une fusibilité pareille dans celle-ci & dans celles du Vivarais, des émanations de vapeurs qui donnoient la mort aux animaux, des eaux chaudes & sulfureuses, &c.; ce ne fut qu'alors, dis-je, que j'osai assurer que nos

A 3

montagnes avoient brûlé ; & comme quelques bonnes gens s'empreſſoient de conclure que c'étoit là une découverte qui devoit attenter à la chronologie de Moïſe , j'étudiai long-temps, au Séminaire , le livre de la Genèſe & ſes Commentateurs , pour ſavoir ſi cet Ecrivain avoit dit qu'il n'y eût jamais eu de volcans.

J'appris bientôt que M. Guettard en avoit découvert en Auvergne , & que M. Montet en avoit trouvé dans les environs de la Méditerranée. Je partis pour Cette pendant les vacances de 1774 , je comparai les laves d'Agde à celles du Vivarais , & je crus que je pouvois avoir raiſon. Je voyageai alors dans divers cantons du Vivarais ; mais je ne reconnus que des régions volcanifées , fans avoir pû faifir encore l'enfem- ble général de ces montagnes , ni la charpente d'un volcan en particulier ; ce qui n'eft que le réfultat de plufieurs combi- naifons.

J'en fus convaincu enfin , malgré les clameurs de nos fcholaftiques, lorfque j'apper- çus le courant des laves , les formes géométriques de la bou- che faillante des volcans , la fufibilité de toutes les matières brûlées , la fuperpofition rela- tive des courans , &c. ; & je crus mes obfervations appuyées de toutes les preuves néceffai- res , lorfque j'eus fait part de mes découvertes , ou envoyé des laves à M. le Comte de

Buffon , aux cabinets des Académies de Nifmes , Dijon , &c.

Fixé alors à Antraigues vers
le centre des régions volcanifées , je décrivis , fans crainte
d'illufion , les reftes de ces
antiques incendies pendant les
années 1777 & 1778.

Ce préambule paroîtra né-
ceffaire à ceux qui favent que
tout Hiftorien doit rendre compte des fources où il a puifé ,
pour qu'on puiffe vérifier fes
affertions ; obligation bien plus
ftricte encore pour le Naturalifte qui , ne pouvant & ne
devant écrire que fur les lieux
& en préfence des objets , doit
rendre un compte exact du temps
qu'il a employé , des lieux qu'il
a vifités ou habités , pour mé-
riter la confiance du public.

C'eſt ainſi que l'ont pratiqué les Marquis de Luchet , les de Lalande , les Guettard , &c.

Il eſt encore des devoirs d'un autre genre que nous rempli-rons avec joie ; c'eſt de rendre hommage à ceux qui nous ont précédé dans ces recherches.

Nous donnerons donc ici une Hiſtoire des ouvrages qu'on a écrits ſur les volcans éteints de la France ; découverte impor-tante & lumineuſe dont les ſeuls Naturaliſtes peuvent apprécier le mérite , puiſqu'elle ouvre les yeux ſur une infinité de faits de la nature , qui avoient reſté ignorés juſqu'à ce jour , qui ont une grande part dans l'écono-mie du monde , & qui rem-pliſſent bien de lacunes dans l'Hiſtoire ancienne du globe terreſtre.

M. Guettard de l'Académie des Sciences , à qui l'Hiſtoire Naturelle doit tant de découvertes , & qui a acquis ſes connoiſſances par des voyages , des ſueurs , & des travaux , a écrit le premier , dès l'an 1750 , ſur les volcans éteints de l'Auvergne. Ces territoires jadis enflammés avoient été pourtant viſités par divers Savans ou Académiciens , tels que Paſcal & Caſſini , &c. , celui-ci pour meſurer l'élévation de ces montagnes , & celui-là pour renouveller la phyſique de l'air , & démontrer par ſes célèbres expériences aux Philoſophes ſcholaſtiques , que la Nature n'avoit point d'horreur du vide. Les uns & les autres avoient gravi ces montagnes sans s'aviser des antiques incendies ; mais il étoit réservé à ce Savant Naturaliste de nous les faire connoître, & ce n'est pas là la seule découverte que lui doivent les Amateurs de la Nature. *Voyez les Mémoires de l'Académie des Sciences.*

M. Montet de la Société Royale des Sciences de Montpellier, décrivit en 1760 quelques volcans du Languedoc. *Voyez les Mémoires de l'Acad. Roy. des Sciences.*

M. Desmarest qui a acquis ses connoissances par des voyages pénibles & des longs séjours sur les lieux, proposa en 1764 l'usage des pouzolanes : de concert avec M. Souflot, il fit diverses expériences fur cette précieuse matière par les ordres du Ministère. *Voyez le Mémoire de l'Académie d'Architecture.*

M. Seguier de Nismes, qui a tant voyagé en Italie, & tant observé de volcans éteints & non éteints, & qui réunit les connoissances de l'antiquité, de la botanique, &c., reconnut en Languedoc, en 1771, les pouzolanes de cette province, & en fit des essais. Ce Savant, dont on connoît la modestie, n'a pas prôné cette découverte : on sait qu'un plagiaire Hollandois publia sa Botanique, sans qu'il s'en plaignît. Ce n'est pas la première fois que les Ecrivains de la seconde classe s'approprient ainsi les travaux de leurs maîtres. Les Savans passent au-

delà des mers , ils graviſſent des
montagnes , ils interrogent la
Nature , ils écrivent des ouvrages originaux : les compila-
teurs s'emparent enſuite de leurs
découvertes ; mais il s'élève toujours quelque perſonne qui leur
rappelle le modeſte Virgile.

Hos ego verſiculos feci, tulit alter honores ;
  Sic vos non vobis , &c.

En 1775 , M. Guettard & M.
Faujas de Saint-Fond viſitè-
rent le volcan de Coupe d'Antraigues.

En 1777 , trois Savans par-
coururent le même pays , M.
l'Abbé de Morteſagne , M.
Faujas & M. de Genſanne de
l'Académie de Montpellier :
leurs ouvrages ont été publiés
en différens temps.

En 1777, M. de Genſanne publia dans ſon Hiſtoire de Languedoc, depuis la page 185 juſqu'à 195, & depuis 219 juſqu'à 227, la deſcription de quelques volcans du Vivarais qu'il avoit viſités. Les objets m'ont paru bien rendus dans ſes deſcriptions.

Voilà les ſeuls ouvrages que je dois citer, parce que, publiés lorſque j'ai écrit ſur les lieux l'Hiſtoire naturelle des volcans du Vivarais, j'ai pu les parcourir. Si j'ai mal rapporté des époques, ou ſi j'ai oublié, contre mon gré, quelque découverte, je reparerai toutes choſes dans mes volumes ſuivans qui, n'étant pas livrés à la cenſure, ſont encore ſuſceptibles d'augmentation. Je me propoſe d'examiner, avec le plus grand foin, la marche, les vues, les defcriptions, les conféquences, les objets obfervés & décrits de l'ouvrage *in-folio* de M. Faujas, comme plufieurs Naturaliftes me l'ont demandé ; prévenu d'avance qu'un livre qui eft le réfultat de plufieurs voyages que l'Auteur a faits dans ma province, mérite des éloges. Je ne pafferai point fous filence les lettres de M. l'Abbé de Mortefagne, qui doivent y être comprifes. Mais rendons compte nous-même de la méthode que nous avons fuivie dans cette partie de notre ouvrage.

Pour ne rien précipiter ni confondre dans l'Hiftoire des volcans éteints, qui attire depuis quelques années l'attention

de tous les Naturaliftes , nous
fuivrons la marche de l'efprit
humain , qui procède toujours
du plus connu vers le moins
connu : c'eft la véritable méthode qui facilite les découvertes dans les fciences exactes.

Nous avons négligé ainfi la
méthode itinéraire qui ne permet que des defcriptions d'objets ifolés : nous traiterons plutôt cette matière en partant du
plus fimple vers le plus compofé , en continuant le nombre
des aphorifmes qui ont partagé les obfervations du premier
volume. Et puifqu'il faut connoître les lieux avant les objets
particuliers , nous donnerons la
Géographie phyfique des pays
volcanifés , comme nous l'a-
vons fait dans les parties précédentes.

cédentes. Les laves & leurs courans attireront enfuite nos premiers regards ; nous examinerons fucceffivement la charpente
des montagnes volcaniques , les
éruptions de diverfe date comparées entre elles , les divers
états de dégradation par l'injure
des temps, &c.

Les grandes opérations de la
Chymie naturelle s'offrent encore dans ces régions fous les
formes les plus impofantes.
Nous décrirons l'état antique
du monde phyfique , fes dégradations , fes réparations &
fes métamorphofes fucceffives,
fans que la matière , malgré l'inertie & l'inactivité dont
les fcholaftiques ont voulu l'envelopper , paroiffe avoir refté
un feul moment en repos.

Tome II.   B

Nos defcriptions font le réfultat d'un travail le plus opiniâtre , & ce n'eft point en parcourant le pays , en examinant les furfaces , que nous fommes parvenus à en écrire l'hiftoire , mais plutôt en examinant cent & cent fois le même territoire , & en forçant , pour ainfi dire, la Nature à fe montrer fous tous fes afpects poffibles. On voit donc que la méthode itinéraire eft impoffible dans cet ouvrage , quoiqu'elle puiffe fervir aux voyageurs pour lefquels je donnerai à la fin un itinéraire : je n'ai pu , d'ailleurs , décrire par lambeaux ces montagnes dont l'enfemble exige une méthode toute particulière.

HISTOIRE
NATURELLE
DES VOLCANS
DU VIVARAIS.

CHAPITRE I.

Géographie physique des contrées volca-
nisées. Vues générales.

623. **L**A forme géographique de
toutes les contrées volcanisées présente de toutes
parts des irrégularités
frappantes. Les eaux du Ciel, de la mer
& des fleuves avoient commencé, dès la

création , à déterminer les formes du globe , qui ne varient qu'à la longue ; mais
après la révolution de plusieurs siècles ,
les volcans projetèrent , des entrailles
de la terre , des fleuves de matière fondue , qui s'étendant sur sa surface & dans
ses vallées , ont fait disparoître l'ancienne
forme du sol de notre province qu'ils
ont inondée dans plusieurs endroits.

624. Pour saisir l'ensemble de ces
monumens , observons d'abord qu'on
peut diviser en trois grandes classes
générales les volcans qui règnent depuis
le Bas-Vivarais jusques au sommet des
plateaux supérieurs de nos montagnes
volcanisées.

625. Les volcans de la première
classe sont ceux de Craux , les deux
Gravennes , les deux Coupes , le Souliol , celui de Saint-Leger , &c.

626. Ceux de la seconde , plus élevés encore , forment ce groupe de
volcans qu'on appelle LE COIRON ,
ou les MONTS-COIRON.

627. Ceux de la troisième enfin sont
les volcans supérieurs qui couvrent les

hauts plateaux de nos montagnes.

628. Les premiers font remarquables par leurs bouches béantes, leurs fommets à cône renverfé, leurs laves rouges, &c.

629. Les feconds font moins confervés : le Coiron eft un vrai crible volcanique ; mais toutes fes bouches ignivomes font prefque comblées ; à peine trouve-t-on l'origine des courans de lave.

630. Les troifièmes enfin ne font que des amas de laves fuperpofées ou mélangées les unes avec les autres ; leurs bouches faillantes font effacées, abattues par le temps, par les eaux ; les laves tombant en vétufté fe changent en glaife & deviennent pulvérulentes ; les courans font interrompus : tout eft ici dans la confufion & le défordre ; des bafaltes ifolés font perchés fur le fommet des montagnes ; des déblais affreux rempliffent leurs vallées, rien ne fubfifte fur place.

631. La qualité des laves de ces trois

B 3

fortes de volcans n'eſt pas moins variée dans chaque claſſe.

632. Un baſalte pur , homogène , très-ferrugineux , eſt la lave dominante des volcans les plus bas & les plus modernes.

633. Un baſalte moins ferrugineux , moins homogène , domine dans les volcans plus élevés du Coiron ; & comme ces volcans ſont ſituées dans la zone calcaire , ils offrent de grands amas de roches granitiques & *marbreuſes* élancées enſemble du ſein enflammé , & des matières boueuſes où l'on voit des marbres pulvériſés , triturés , amal-gamés avec les laves poreuſes.

634. Enfin , des baſaltes preſque ſans fer , des laves tout - à - fait vitrifor-mes , peu de laves poreuſes rouges forment les volcans les plus élevés & les plus antiques de la zone brûlée du Vivarais.

635. Voilà donc trois ſortes de vol-cans ; & pour ſe repréſenter leur poſi-tion reſpective , rappelons-nous que le Vivarais , comme nous l'avons dit ,

contient des montagnes granitiques su-
périeures qui font la féparation des
eaux qui tendent vers l'Océan & de
celles qui coulent vers la Méditerranée.
Ces fommets élevés , ces antiques plateaux (14 , 101 , 105) portent des montagnes volcaniques plus élevées encore.

636. Rappelons-nous outre cela que
ces hautes montagnes ont été excavées
par les eaux , & qu'en s'abaiffant en
forme de rayons vers le Rhône , elles
ont rongé la roche vive & formé les
vallées. Les volcans qui ont enfanté à
travers ces déchirures , & qui y ont
pofé leurs laves pour monument , doivent donc être foigneufement diftingués des précédens.

637. Obfervons enfuite , avec non
moins d'étonnement, que les eaux & les
injures des temps excavent encore davantage ce terrain , que les terres s'ap-
planiffent , & que le courant des eaux
rongeant tout autour de ces maffes , ont
miné des terrains & formé des vallées
encore plus profondes féparées par des
chaînes de montagnes élevées qui ont

fur leur fommet des couches granitiques, furmontées de couches de cailloux
roulés mêlés avec les cailloux de lave
de la plus ancienne époque , & qu'enfin tout eft couvert au-deffus de couches de bafalte qui forment la crête
pointue de ces montagnes ifolées , &
nous aurons des images frappantes qui
méritent notre admiration & de profondes méditations fur tous ces faits
antiques de la nature.

638. Obfervez enfin que les vallées
les plus baffes & par conféquent les
plus récentes offrent les volcans les
mieux confervés , que la plupart ont
encore leur bouche conique , que
leurs courans de lave ne font point interrompus , qu'ils ont encore la plupart un feu couvé fouterrain, & vous
aurez une comparaifon des volcans de
diverfe date , & la différence géographique de toutes ces montagnes , qu'il
eft néceffaire de faifir & de déterminer,
lorfqu'on écrit leur hiftoire. Mais ne
précipitons point nos pas ; obfervons-
en détail la variété de leurs laves : cette

matière est si neuve & si recherchée ,
& les observations locales sont encore
si peu multipliées , que nous donnerons
une nomenclature des diverses substances vomies ou projetées , en l'ac-
compagnant , lorsque nous le pourrons ,
de la théorie de leur formation.

CHAPITRE II.

Des Basaltes.

LEs connoissances des Naturalistes
sur les laves projetées ou vomies par
les volcans, ne sont point arrivées encore au terme de perfection. Plus on
observera ces substances élaborées dans
des goufres de feu très-profonds , &
plus elles présenteront de vues neuves.

639. Nous diviserons en plusieurs
Paragraphes distincts ce que nous devons en dire : rien n'est plus à craindre
ici que la confusion ou la précipitation
des objets. Le basalte préparé dans
le sein de la terre en a été expulsé ,
il s'est moulé en forme de fluide , &
refroidi sur la surface de la terre : tout
cela , malgré le désordre des éruptions, s'est opéré avec poids & mesure ;
ce basalte fondu a observé des lois ;
& dans son histoire si variée & si cu-
rieuse on doit nécessairement suivre une

méthode qui imite en quelque forte ces opérations de la Nature. Voici celle que nous suivrons dans l'histoire de ces fortes de laves.

Nous donnerons, en premier lieu, une définition du basalte ; nous parlerons des premiers points de vue fous lesquels il se présente , & de ses principales propriétés.

2°. Après avoir observé fa nature , nous traiterons de fa forme ; & comme les formes géométriques font d'abord les plus aifées à faifir , nous parlerons des formes géométriques des basaltes les plus fimples. Ainfi les basaltes octogones , hexagones , pentagones , quadrangulaires & triangulaires feront l'objet de nos premières remarques. Nous parlerons enfuite des basaltes à pans effacés , des basaltes cunéiformes , ifolés , &c. , qui font des exceptions des figures précédentes ; car on ne doit jamais oublier , & nous avertiffons le lecteur , une fois pour toutes , que le basalte qui eft fujet à des lois qu'il fuit ordinairement dans fes formes , préfente un grand nombre d'exceptions qui empêchent d'affurer la généralité abfolue de ces lois : il paroît permis de dire feulement que le bafalte *affecte* telle ou telle forme.

3°. Nous traiterons, en troifième lieu, des bafaltes articulés , coupés , concavo-concaves & concavo-convexes , & des bafaltes-larmes-bataviques , &c.

4°. Les bafaltes en globe font une claffe féparée : on doit la placer parmi les articles qui ne traitent encore que des formes.

5°. Après avoir parlé des formes les plus fimples , nous pafferons aux plus compofées. On a écrit fouvent , en définiffant le bafalte , que c'étoit un pierre prifmatique : nous verrons que le bafalte n'affecte pas toujours cette forme ; il fe trouve très-fouvent en blocs informes & indéfiniffables. En oppofant ces formes irrégulières aux précédentes , on prouvera , comme je l'ai avancé ci-deffus, que le bafalte n'eft fujet , ni dans fes formes , ni dans fes divifions , à aucune loi conftante & invariable ; & nous

verrons, dans tout le cours de l'hiſtoire
de cette ſubſtance, combien elle eſt
ſoumiſe à l'action du ſol ſur lequel elle
s'eſt moulée.

6°. Juſques ici nous n'avons traité
que des formes d'un baſalte pris ſépa-
rément : nous devons le comparer à
préſent à d'autres baſaltes, en décrivant
les carrières qui en ſont formées, & en
comparant les colonnes aux fondemens
primitifs ſur leſquels elles ont été mou-
lées. Nous déterminerons encore ici
quelques lois des baſaltes relativement
au ſol fondamental, & *vice verſâ*.

7°. Après avoir parlé des carrières
de baſalte les plus communes, les plus
régulières, nous décrirons les carrières
où les baſaltes réunis forment, par
exemple, des voûtes naturelles, des
montagnes en vis, en boule & en ſpi-
rale, &c., en ſuivant toujours notre
marche qui conduit des formes les plus
ſimples vers les plus compoſées.

8°. Après avoir traité des formes extérieures du baſalte, nous pénétrerons
dans l'intérieur de cette ſubſtance, pour

examiner les corps étrangers qu'elle contient quelquefois : nous diftinguerons trois fortes de fubftances renfermées dans fon fein ; la première de nature calcaire , & la feconde de nature vitriforme ; l'une & l'autre fe font conférvées dans les laves malgré la fufion & l'état d'incandefcence du fluide contenant : nous parlerons enfin des fubftances d'une troifième nature , qui étant primitivement un mélange de matières calcaire & vitriforme , fe font fondues dans la lave incandefcente , & ont formé divers corps dont nous examinerons l'état & la contexture.

9°. Après avoir traité des corps étrangers contenus dans le bafalte , nous parlerons de fa décompofition & de fes divers degrès.

10°. Nous examinerons enfin fa propriété d'être attiré par le fer aimanté ou par l'aimant , & de devenir aimant lui-même dans certaines circonftances.

DÉFINITION DU BASALTE.

640. Le bafalte eft une lave fondue

par les volcans, très-dure, susceptible par conséquent d'un beau poli, fusible par elle-même & jamais calcinable au feu, attirable par le fer aimanté, devenant quelquefois aimant elle-même, très-homogène dans toutes ses parties, de couleur de fer, sonore comme les métaux lorsqu'elle n'est point felée ni dans un état de destruction, étincelante lorsqu'elle est battue avec le briquet, spécifiquement plus pesante enfin que le granit, les marbres, & autres matières calcaires.

641. Si l'on réfléchit sur toutes ces propriétés, on verra que cette substance n'est principalement qu'un résultat de matières vitrifiables fondues & mélangées dans le sein de la terre par l'action des feux volcaniques avec des matières ferrugineuses.

642. La présence du fer contenu dans les laves basaltes est démontrée par la couleur même de la substance, par l'espèce de rouille jaune qu'on trouve sur certains basaltes, par sa constante propriété qui dérange les directions

des aiguilles aimantées ou de l'aimant. Tout cela démontre la préfence du fer qui fe trouve en quantité dans toute la maffe des bafaltes.

643. Le bafalte contient encore une grande quantité de matière vitreufe ; cette fubftance furabondante fe manifefte par les feux qui brillent lorfqu'on frotte le bafalte contre le bafalte , & mieux encore lorfqu'on le frappe vivement avec l'acier. Il projette alors les plus vives étincelles, comme toutes les matières vitriformes connues ; ce qui le diftingue des fubftances càlcaires qui font d'une compofition bien différente.

644. La fufibilité du bafalte par lui-même & fans le concours d'aucun fondant , annonce cependant que ces matières vitrifiées ont dû recevoir ce fondant dans l'intérieur même du globe d'où elles font forties en forme de métal fondu : femblables au verre déjà fabriqué dans les fourneaux , ces matières ont confervé cette fufibilité , & leur état de fufion fe renouvelle toutes les fois qu'on les expofe au feu convenable

&

& néceſſaire à la liquéfaction ; de ſorte que le baſalte eſt une ſubſtance mixte qui participe & du verre & du fer qui furent ſes premiers principes. Auſſi a-t-il conſervé les apparences de l'une & de l'autre ſubſtance.

645. La qualité ſonore en eſt encore un des réſultats : ſemblable au verre & au métal dont il eſt compoſé, le baſalte obſerve toutes les lois des modulations : plus *la colonne de baſalte eſt déliée & longue, plus le ſon qu'elle rend eſt aigu : & plus le tronçon de baſalte eſt court, ou bien, plus il a de diamètre, plus auſſi le ſon devient profond & inférieur à celui des baſaltes effilés* : mais ce ſon, ſoit aigu, ſoit profond, eſt toujours peu harmonieux ; il eſt ſemblable à celui d'une enclume, à cauſe de ſa forme de lingot, qui empêche les frémiſſemens néceſſaires des parties inſenſibles ſonores, pour donner un ſon ouvert & harmonieux ſemblable à celui des cloches dont la forme eſt la plus favorable au ſon, parce qu'elle permet aiſément ces

Tome II. C

frémiſſemens des parties inſenſibles : &
les baſaltes, je crois, auroient été ſuſceptibles d'une harmonie auſſi agréable,
s'ils en avoient reçu la figure.

DES BASALTES GÉOMÉTRIQUES.

646. Les baſaltes à facettes ou à
pans ſont des priſmes triangulaires,
quadrangulaires, pentagones, &c.; on
en trouve même d'octogones. Quand je
l'appelle géométrique, je n'entends
point dire que ſes côtés ſoient géométriquement égaux; j'entends ſeulement
que le baſalte eſt réputé *géométriquement* diviſé, à cauſe de la régularité qu'il
affecte dans ſes angles, ſes faces, ſes
ſections, &c., lorſque toutes les conditions néceſſaires à cette géométrie
ont été exactement réunies dans la fu-
ſion de la matière vomie par le volcan.
Nous parlerons ci-après des conditions
requiſes, pour que le baſalte fondu
acquière cette forme régulière; mais
nous ne devons traiter ces formes compoſées qu'après avoir connu le plus
ſimple & le plus commun.

BASALTE OCTOGONE.

Planche 1, *Fig.* 2.

647. Le bafalte octogone eft le plus
rare que je connoiffe ; ce n'eft qu'après
bien de recherches que je l'ai trouvé
fous le beau pavé de Géans du Rigaudel près d'Antraigues ; il étoit parmi un tas de prifmes ébranlés & précipités de ce pavé. C'eft le feul que j'aie
vu dans cette carrière.

Ce n'étoit pas affez d'avoir obfervé
cette rareté, il falloit en connoître la
caufe ; car plus les chofes nous paroiffent étonnantes dans la nature phyfique , comme dans la morale , plus
l'efprit eft inquiet de ne pouvoir en
trouver l'origine.

Je cherchai long-temps la racine de
ce bafalte exiftante encore dans la
carrière d'où il avoit été féparé ,
lorfque après bien de peines jufqu'alors
inutiles , je trouvai fur place un fecond
bafalte octogone; j'en comptai les huit
côtés du fommet de la carrière fur
laquelle je promenois , & qui n'eft pas

C 2

éloignée de la précédente. Je comparai ce bafalte (*Fig. 2*) unique dans
le voifinage , avec tous les bafaltes qui
lui étoient adoffés , & j'obfervai que
pour la formation de ce bafalte octogone il falloit :

648. 1°. Que huit autres bafaltes
latéraux B de fept ou de fix côtés ,
fuffent les voifins immédiats du bafalte
octogone A.

2°. Que les lignes de féparation des
bafaltes B , d'avec le bafalte octogone
A , intermédiaire , exprimées par les
points C , A , devoient couper à angles
droits les lignes qu'on conçoit poffibles
depuis le centre du bafalte octogone A ,
intermédiaire , jufqu'au centre de chaque bafalte ambiant B.

3°. Que les féparations de chaque
bafalte ambiant d'avec un autre bafalte
voifin , devoient former des lignes convergentes vers le centre du bafalte intermédiaire octogone.

4°. Que tous ces bafaltes voifins B
devoient avoir un diamètre égal , afin
que , formant chacun un côté , par leur

contact avec le basalte octogone A , celui-ci n'eût pas des faces inégales , ce qui eût diminué, dans les faces *excédentes* en largeur, le nombre des angles, & les eût réduits à sept , ou à six, ou à cinq.

649. Or , comme dans les carrières de basalte il est très-rare de trouver une suite de basaltes égaux en diamètre & en figure , comme cette convergence de leurs lignes de séparation vers le point commun A , est encore plus rare , comme il n'est pas ordinaire enfin de trouver la réunion de tant de cas pour opérer un tout géométrique qui en résulte , l'on ne doit point être étonné aussi de la rareté du basalte octogone.

Ces raisons seroient d'un plus grand poids relativement au basalte à neuf côtés que nous n'avons point observé dans nos recherches. Un plus grand nombre de faces augmenteroit encore le nombre des conditions nécessaires à cette forme.

Telle est la théorie de la formation de la figure à huit côtés. Si elle suppose la réunion d'un grand nombre de

caufes qui fe trouvent rarement enfemble , nous verrons plus bas qu'il faut
l'abfence de toutes ces caufes pour la
formation d'un bafalte triangulaire.

BASALTES EPTAGONES.

Planche 1 , Fig. 3.

650. Ces bafaltes à fept faces font
affez rares , parce qu'ils exigent pour
leur formation un nombre de combinaifons & d'accidens qui approche de
celui qui eft néceffaire pour former un
bafalte à huit pans. On le trouve néanmoins dans plufieurs endroits & dans
chaque carrière de bafalte ; il n'en
exifte aucune qui ne contienne quelques
prifmes à fept côtés.

BASALTES HEXAGONES ET PENTAGONES.

651. Les bafaltes à fix & à cinq côtés
font les plus communs , parce que les
conditions requifes à la formation de

leurs faces font moins compliquées & moins rares.

652. Nous avons une preuve géométrique de cette vérité dans nos carreaux de terre cuite à six côtés : les angles faillans peuvent être aifément remplis par un angle rentrant qui eft formé par le voifinage des carreaux voifins ; & tous les carreaux à fix côtés s'accordent fi bien dans la correfpondance de leurs faces & dans la réunion de leurs angles vers le même point , qu'il en réfulte des figures déterminées formées par la régularité conftante & géométrique de chaque carreau.

653. Ce qui facilite davantage cette forme de cinq & de fix côtés dans les prifmes de bafalte , c'eft que , comme en général tous les bafaltes voifins font ordinairement de même diamètre , les figures pentagones , par exemple , s'unilfent plus aifément aux figures hexagones. Par la raifon contraire une figure octogone ne pourra point être unie à une figure quadrangulaire de même diamètre.

C 4

654. Les basaltes hexagones & pentagones ne sont donc les plus ordinaires que parce que leur combinaison & leur union mutuelle demande un concours moins compliqué de causes pour les produire , & parce que les basaltes d'une carrière sont ordinairement d'un diamètre égal.

655. Tout ce que nous avons dit sur ces diverses figures de basaltes ne doit pas être pris pour des règles invariables. On trouve des basaltes , en effet, qui ayant une face beaucoup plus large que les autres , dérangent l'ordre géométrique de tous les voisins qui sont diminués d'un côté & agrandis de l'autre ; je veux dire seulement que ces observations sont presque toujours vraies , & que les exceptions sont aussi rares qu'il l'est de trouver de basaltes de huit ou de trois côtés.

BASALTES QUADRANGULAIRES.

656. Autant les prismes eptagones sont rares , autant le sont les quadran-

gulaires : ces deux fortes de divifions touchent les deux extrêmes , & augmentent en rareté en s'approchant des points éloignés.

657. L'on trouve néanmoins dans plufieurs endroits le bafalte quadrangulaire formé par le voifinage & l'union des bafaltes de cinq & de fix côtés inégaux ; car la face qui eft contiguë au bafalte quadrangulaire eft toujours beaucoup plus grande que les faces qui font unies aux autres bafaltes du voifinage.

BASALTE TRIANGULAIRE.

Planche 1 , Fig. 4.

658. Je n'ai vu dans toutes mes recherches qu'un feul bafalte triangulaire. Auffi cette forme & la forme octogone occupent-elles les deux places extrêmes dans l'ordre des figures qu'affectent les bafaltes.

659. Nous avons vu (648) le nombre des combinaifons néceffaires à la formation du bafalte octogone ; nous

avons vu que la réunion d'un très-
grand nombre de conditions étoit néceffaire pour former cette figure.

Il falloit pour cela une fuite de
bafaltes égaux en diamètre, la convergence de leurs lignes de féparation vers
le centre du bafalte octogone intermédiaire, & une fection à angles droits
de la ligne de féparation du bafalte
octogone, avec les lignes divergentes
qu'on conçoit pouvoir exifter du centre
du bafalte octogone à tous les centres
des bafaltes voifins immédiats. Il falloit
alors des combinaifons *par excès*, pour
produire toutes ces faces multipliées,
& rendre le bafalte octogone.

On voit ici tout le contraire : pour
former le bafalte à trois faces il faut
une privation & une abfence abfolue
des lois néceffaires à la formation des
bafaltes de cinq & de fix côtés qui font
les plus ordinaires.

660. Le bafalte triangulaire A eft en
effet un prifme ifolé parmi tous fes
voifins, c'eft un être par défaut qui
n'exifte que parce que fes voifins poffé-

dant toutes les combinaisons nécessaires à leur formation, lui ont ravi toutes les causes de la forme ordinaire ; & ce basalte oublié semble n'exister que parce que tous ses voisins ayant la forme de colonne à plusieurs faces, n'ont pu remplir tout l'espace intermédiaire : il s'est donc trouvé nécessairement un petit vide entre eux, & ce vide a permis l'existence d'un basalte triangulaire.

661. Aussi le basalte triangulaire A, l'unique dans son espèce que j'aie observé dans mes recherches, étoit formé par la réunion de trois basaltes B B B, dont deux étoient à six faces, & le troisième à sept.

De tout ce que nous avons dit, on doit conclure :

662. Premièrement, que les basaltes à cinq & à six côtés doivent être & sont les plus ordinaires, parce qu'ils n'exigent pour leur formation que le concours des possibilités ordinaires, dans l'ordre des combinaisons géométriques.

663. Secondement, que les basaltes à huit ou neuf côtés & ceux qui sont

triangulaires , fe trouvant aux deux extrémités oppofées , doivent être très-rares , & le font en effet , parce qu'il faut une réunion de toutes les caufes poffibles très-multipliées pour la formation du bafalte à huit ou à neuf côtés ; & parce que, pour celle du bafalte à trois côtés , il faut , au contraire , le moins de caufes poffibles ou plutôt la privation de toute caufe , le bafalte triangulaire n'exiftant que par la feule réunion de trois bafaltes bien formés.

664. Troifièmement , les bafaltes à quatre & à fept côtés tenant un jufte milieu entre les deux extrêmes fort rares , & entre les deux intermédiaires communs , ne font ni très-rares , ni très-ordinaires , & ils marchent de niveau dans leur ordre : la théorie s'accorde parfaitement ici avec les obfer-vations.

BASALTE A FACE ANGULAIRE.

Planche 1 , Fig. 5.

665. Il arrive quelquefois qu'une

des faces plates X du basalte prismati-
que (*Fig. 5*) se termine en angle fort
aigu , ce qui arrive par la réunion de
ses deux faces voisines. Le même basalte
a toujours , dans ce cas , une face de
plus vers son sommet , que vers sa base.

BASALTES CUNÉIFORMES.

Planche 1 , Fig. 6.

666. Ces basaltes très-rares , car je
n'en ai trouvé qu'un seul au-dessous
d'Antraigues , se présentent sous une
forme très-curieuse. On voit un basalte
qui supérieurement paroît être à cinq
côtés formés par le voisinage de cinq
basaltes qui l'entouroient. La colonne
diminue ensuite vers l'extrémité oppo-
sée , & se change en coin & en tranchant très-aigu.

BASALTES TRANCHÉS
VERTICALEMENT.

Planche 1 , Figure 7.

667. Il y a des basaltes de six faces A

très-diftinctes , ils font voifins d'autres
bafaltes femblables B , de même diamètre & de même calibre. Celui dont
nous parlons A , en diffère en ce qu'il
eft comme fcié ou tranché verticalement en deux bafaltes parallèles felon
la ligne C D ; de forte que le bafalte
qui , comparé avec fes voifins , a fix
faces , devient par cette fection longitudinale un double bafalte compofé
chacun en fon particulier de quatre
côtés , dont le principal eft large
comme le diamètre coupé.

BASALTES ISOLÉS.

Planche 1 , Fig. 8.

668. Le plus grand hafard me
montra ce bafalte très-fingulier & très-
rare G. Les propriétaires d'un champ
terminé par un immenfe rempart de
bafaltes en place , ayant tiré de la carrière plufieurs colonnes pour bâtir des
maifons , les ouvriers emportèrent les
grandes colonnes & négligèrent tout
ce qui fut mince & peu propre à bâtir :

or, dans ces débris je découvris une bande
de bafalte de deux lignes d'épaiffeur
vers le milieu , & terminée latéralement
par deux tranchans fort aigus , comme
la lancette du Chirurgien. Cette bande
de bafalte étoit ainfi ifolée & féparée
du fyftême général de la carrière , comme
une petite feuille de papier volant inféré dans un volume *in-folio*. Elle coupoit le bois comme un inftrument de
fer fort tranchant ; mais comme le bafalte eft très-friable , ce tranchant fut
bientôt émouffé. En coupant du bois
avec ce bafalte tranchant , je me dé-
chirai la peau de la main : j'appris ainfi
à mes dépens qu'une bleffure faite par
le bafalte eft tres-difficile & très-longue
à guérir ; toutes les parties voifines
furent dans un état d'inflammation.

BASALTES ARTICULÉS, ET BASALTES COUPÉS.

Planche 1 , Fig. 9.

669. Les bafaltes articulés doivent
être foigneufement diftingués des ba-

faltes coupés horizontalement ; ils varient les uns des autres autant par la forme de leur fection , que par l'ordre fucceffif de la formation de ces coupes horizontales.

670. Le bafalte A eft une colonne coupée en tronçons hériffés à leur fection d'une infinité d'afpérités C , qui montrent , par la correfpondance des parties faillantes du tronçon inférieur & des parties rentrantes du tronçon fupérieur , que les deux blocs féparés ne firent qu'un feul corps après que la colonne eut été formée.

671. Le bafalte articulé eft bien différent du bafalte coupé (670) , il eft divifé à la vérité en tronçons , mais ces tronçons font polis dans leurs furfaces correfpondantes , une furface eft convexe & l'autre concave ; la convexité remplit la concavité de fa voifine ; de forte qu'il y a de colonnes coupées en huit ou douze tronçons concaves & convexes réciproquement.

672. On trouve en Vivarais des carrières de bafaltes fimplement coupés , & d'autres

d'autres dont les bafaltes font articulés :
le pont de la Baume où eft le confluent
de tant de coulées fuperpofées qui fe
rendent dans ce lieu de plufieurs vallées,
offre une fuite la plus intéreffante de
ces bafaltes coupés.

673. Le volcan d'Antraigues a vomi dans la vallée inférieure un fleuve
énorme de matière bafaltique fondue :
j'ai trouvé dans cette vallée une grande
variété dans les formes des colonnes,
& c'eft fous les fenêtres même de mon
appartement que j'ai fait mes recherches & mes premières découvertes
fur le bafalte.

674. Je remarquai, parmi les principales, un tronçon concavo-concave
de quatre pouces avec des furfaces fort
polies.

675. J'en trouvai d'autres convexes
& farcis des deux côtés de gros noyaux
de granit non altéré, fitués vers le centre des boffes. Tous ces tronçons étoient
des débris d'une énorme colonne bafaltique renverfée depuis peu de temps :
fa chûte avoit écarté les autres pièces

Tome II. D

mais comme il s'étoit précipité fur un fol, où il y avoit des bafaltes informes & d'autres fubftances d'une autre nature, il me fut facile de reconnoître leur correfpondance.

A l'aide de leviers & de poutres, je parvins à réunir tous les tronçons après un travail pénible, à caufe de l'énorme maffe de toutes ces parties féparées.

Je fus fort étonné, après avoir ajufté toutes les pièces, de ne point trouver un bloc qui manquoit pour accomplir la colonne, je ne pouvois croire qu'on eût enlevé cette partie, je ne voyois nulle part aucun travail récent où elle fût néceffaire. J'apperçus alors une pièce de bafalte femblable à deux portions égales de fphère, attachées l'une à l'autre, & par conféquent de forme lenticulaire. Il manquoit auffi un tronçon de colonnes convexes des deux côtés pour remplir l'efpace; j'ajuftai ces trois pièces, & reconnus leur ancienne union naturelle dans la carrière.

Frappé de cette singularité , je considérai cette énorme lentille de basalte qui ne me présentoit aucune idée à cause de son homogénéité ; & comme je voulois savoir d'où pouvoit provenir ce dérangement dans les formes , je hasardai d'examiner cette partie jusques dans son centre. Elle fut donc posée sur un grand caillou , & du haut d'une muraille , pour éviter les éclats & pour frapper plus fort , j'élançai d'autres cailloux qui , après avoir souvent manqué le centre de la lentille , & coupé en éclats ses bords , la divisèrent enfin en rayons divergens , & dévoilèrent un noyau de granit intacte & aussi beau que s'il n'eût jamais été introduit dans le basalte fondu.

676. Cette observation m'a servi dans la suite à expliquer comment d'autres basaltes se gonflent vers les lieux voisins du corps étranger , & comment ce gonflement resserre les basaltes voisins , qui rétréciffent à leur tour des basaltes plus éloignés jusques à vingt & trente toises d'éloignement.

D 2

Je ramaffai ces éclats de bafalte lenticulaire , & je les réunis , plus fatis-
fait d'obferver que les corps que contient le bafalte en colonne , font fouvent la caufe de fes renflemens & de fes
déviations de la droite ligne , que
d'avoir une lentille de bafalte qui ,
refpectée & foignée dans un cabinet ,
n'eût produit qu'une admiration infruc-
tueufe.

BASALTES A LARME BATAVIQUE.

Planche 1 , Fig. 10.

677. Au deffus du pont de Bridou
en montant de Vals à Antraigues , on
trouve plufieurs bafaltes encore fur place , qui font extérieurement auffi beaux,
auffi polis que leurs voifins. Ce dehors
trompeur pourroit féduire un jour quelque Naturalifte qui voyagera dans ces
cantons. En effet, ces bafaltes hypocri-
tes fi beaux en dehors & fi géométriques , ne font qu'une réunion d'une infinité de noyaux de bafalte qui affec-

tent tous la forme de globe ou de petits carrés, & fi on touche feulement
une petite portion de ces colonnes, fi
on en détache le plus petit morceau,
toute la colonne, femblable à une immenfe larme batavique, s'écroule fur
elle-même, des colonnes voifines à
leur tour fuccombent fous leur propre
poids, & fi quelque malheureux Naturalifte fe trouvoit au deffous, il auroit
peut-être fur fon corps plus de cent
quintaux de bafaltes pulvérulens. J'ai
envoyé en 1777 un nombre de ces petits noyaux de bafaltes écroulés à Mr.
Seguier, pour le cabinet d'Hiftoire Naturelle qu'il vient de léguer à l'Académie de Nifmes.

Heureufement ces bafaltes font très-
rares; je n'en connois qu'une carrière
qu'on trouve en montant de Vals à Antraigues, encore n'eft-elle point toute
compofée de bafaltes femblables : il y
en a qui font très-fains, très-fonores
& par conféquent très-purs & fans aucune fêlure; il y en a d'autres qui,
moins fonores, parce que les granula-

D 3

tions font plus fréquentes, ne s'écrou-
lent point aussi prestement ; les autres
enfin ne donnent pas le temps de se
retirer. Je passe sous silence ce qui m'ar-
riva lorsque j'étudiois ceux-ci. Délivré
du danger , je courus vîte dans une
grange voisine pour décrire ces mobiles monumens des volcans, qui sont
dans l'état le plus prochain de destruction , & qui sont à côté de plusieurs autres basaltes très-solides & très-com-
pactes. Nous verrons s'il est possible de
donner une théorie de la formation de
ces basaltes ; mais nous avertissons en
attendant les Naturalistes de prendre
garde à la carrière de basaltes, au pied
de laquelle se trouve un canal qui conduit l'eau dans un pré voisin du pont
de Bridou en montant de Vals à Antraigues. C'est là où je faillis à être
enterré vivant sous les masures volcaniques ; & comme plusieurs seroient curieux d'observer ce lieu unique, comme
les colonnes compactes & sonores ne
deviennent ainsi pourries que par degrés , il faut, pour s'assurer si l'édifice

eft folide , frapper avec une pierre à
mefure qu'on s'avance vers les bafaltes
pourris : on entend un fon brut & caffe,
lorfqu'ils commencent à dégénérer ; là
on peut obferver l'état des bafaltes déjà décompofés , fi toutefois l'eau de la
rivière ne les a pas entraînés ; mais on
ne doit pas s'approcher davantage. Si
lorfqu'on eft arrivé à ce point de diftance , on élève les yeux vers le ciel ,
on verra l'avancement ifolé & faillant
d'une autre couche de laves fupérieures qui repofoient fur ces bafaltes
écroulés , & qui étant dans un état plus
compacte & plus folide , ne fe foutient
plus que fur un de fes côtés , me-
naçant tout ce qui eft au deffous du
plus grand ravage , lorfque cette maffe
énorme s'écroulera.

BASALTES A COUCHES CONCENTRIQUES.

Planche 1 , Fig. 11.

678. Qu'on fe repréfente une rofe
non épanouie, formée de petites calottes

D 4

qui affectent un centre commun situé vers le milieu de la rose , & l'on aura une idée diftincte de la forme des bafaltes dont nous parlons.

Je n'ai jamais trouvé ces bafaltes féparés de leurs carrières , mais bien dans les grandes coulées non divifées en colonnes ; ils y font confervés par les parois latérales de la matière.

679. Tels font ceux que j'ai trouvés en paffant de Saint-Agrève vers le lac de Saint-Frond , ceux qu'on trouve dans les laves qui forment le fol du chemin qui conduit du Puy en Velay vers Coftoros , (*voyez dans la fuite de cet ouvrage mes voyages minéralogiques en Velay*) , ceux enfin que j'ai obfervés dans la même pofition que ces derniers , en paffant de Pradèles vers un monticule qui avoifine cette Ville , & qui domine fur la grande plaine inférieure.

680. J'ai occupé deux ouvriers qui travailloient au chemin du Puy , pendant une demi-journée , pour dégager ces bafaltes à couches concentriques de la lave latérale. Je voulois obferver ainfi

plus aifément le mécanifme de ces globes, & pénétrer dans le centre même
de leurs fphères, pour en tirer quelque
vue fur leur formation.

681. Lorfque le globe fut féparé de
la carrière, il avoit perdu la moitié
de fes couches concentriques qui, peu
cohérentes avec elles-mêmes, fe détachoient aifément; la plupart étoient
même pulvérulentes.

682. J'apperçus, après avoir ainfi
opéré, 1°. que les couches extérieures
étoient plus épaiffes que celles qui font
vers le centre; 2°. que ces calottes
étoient la plupart fêlées en quarrés, &
en trapèfes par des fciffures dont la
direction étoit de la circonférence vers
le centre; 3° que ce centre étoit un
gro noyau de granit.

DES BASALTES INFORMES ET CONFUSÉMENT DIVISÉS.

683. Le bafalte, ou plutôt les carrières de bafalte ne font point toùjours
compofées de colonnes adoffées les unes

aux autres ; leurs prifmes ne font point toujours de forme géométrique : on peut même dire qu'il y a en Vivarais une plus grande quantité de matière bafaltique dont les divifions font informes & fans aucun ordre , qu'il y en a de régulières & de prifmatiques.

684. Nous verrons ci-après qu'il faut un plus grand nombre de conditions pour la formation des bafaltes réguliers & géométriques , qu'il en a fallu pour la formation de ces amas énormes de matière bafaltique , informe , gercée en tous fens , divifée intérieurement & extérieurement avec la plus grande confufion ; & ces obfervations faites avec le plus grand détail ne ferviront pas peu à établir la théorie de la formation des divifions des bafaltes.

685. En montant de Vals à Antraigues , & en fuivant la coulée de bafalte vomie par les volcans de Coupe & de Craux , on obferve de part & d'autre , outre les chauffées régulières , des roches immenfes de bafaltes en blocs très-bien ajuftés les uns aux autres : c'eft un

amas confus de pierres volcaniques ferrugineufes fi bien unies, que toute la
partie faillante de l'une de ces pierres
de bafalte pénètre & remplit tout l'enfoncement produit par l'avancement de
fes deux voifines avec lefquelles elle eft
intimément conjointe. Toutes ces pièces
de bafalte font dans la plus grande
proximité, & n'ont d'autre vide ou féparation, qu'autant qu'il en faut pour
une divifion de parties.

686. La forme totale de ces maffes
réunies divifées en pierrailles fans ordre, préfente des rochers hériffés de
pointes : le fyftême de ces carrières n'eft
point en bandes, ni en filons, ni en
tables ; ce font feulement des blocs
immenfes qui ne font rien moins que
réguliers à leur furface, qui ont des profondes finuofités & des enfoncemens.

687. Le groupe des hautes montagnes du Coiron, immenfe volcan, eft
formé dans quelques endroits de roches
bafaltiques, ainfi divifées. Des gerçures
en tous fens pénètrent tout l'intérieur
de ces maffes ; & lorfque pour creufer

un chemin à travers ces pics, on a ouvert ces carrières bafaltiques, le cœur
de ces roches a offert de femblables
irrégularités intérieures.

688. La montagne de Craux fur Antraigues, volcan qui n'a vomi que des
bafaltes, n'eft qu'un affemblage de matière bafaltique confufément divifée.

689. Les plateaux fupérieurs & très-
élevés de la chaîne droite de montagnes
qui s'étend du Coiron vers Mezillac,
& que perfonne n'auroit foupçonné être
volcanifés, font des amas immenfes de
matière bafaltique ou règnent la confufion & le défordre.

690. De forte qu'en comparant la fom-
me totale des bafaltes réguliers & prifmatiques à celle des bafaltes confufément
divifés, je penfe que cette dernière
l'emporteroit de beaucoup fur la précédente.

CHAPITRE III.

Des carrières de bafalte. Pavés de géans ; leurs éboulemens. Arcs & voûtes de bafaltes géométriquement divifés. Couches ondulées de bafaltes. Carrière de bafaltes divifés en fpirale. Montagnes de bafaltes en vis , &c.

JUfqu'à préfent nous avons décrit des globes de bafalte , des bafaltes triangulaires , quadrangulaires , &c. Finiffons ici la nomenclature de ces variétés ; & confidérant les colonnes unies & adoffées à d'autres colonnes , décrivons ces carrières entières de bafalte , qui ont droit d'attirer nos regards par leur majeftueux enfemble qu'on ne trouve point avec tant de magnificence en Italie même , théâtre des embrafemens fouterrains anciens & modernes.

691. Toutes les carrières de bafalte qu'on voit dans les vallons qui font au pied des montagnes volçaniques font

sorties en état de fusion des bouches
ignivomes des volcans : on les trouve
placées sur un fondement qui est tantôt
de granit vif , tantôt de pierres calcaires , quelquefois de sable & de cailloux ,
d'autres fois de terres végétales , & sur
des lits enfin d'anciennes rivières.

Ces tables immenses de basalte mou-
lées sur ces anciens lits , suivant les
sinuosités du sol fondamental antérieur ,
sortant des flancs de la montagne
ignivome , ne sauroient avoir une autre
origine : on assure cependant qu'un
Auteur se prépare à les séparer des productions des volcans ; mais je l'invite
à faire un voyage en Vivarais , a observer la coulée de basalte qui part du
mont de Craux & s'étend jusqu'à Vals ,
& il avouera que des spéculations de
dix ans sont renversées par une demi-
heure d'observation.

692. Élancée du sein enflammé de
la terre , la lave-basalte , semblable à un
torrent de métal , parcourut les vallées
inférieures ; elle vint se refroidir , se
mouler & se diviser en colonnes sur les

lieux les plus bas , obéiffant ainfi aux lois des fluides. Des cataractes horribles de matière enflammée fe précipitèrent des montagnes ignivomes ; tous les vallons en furent remplis : l'eau paifible qui couloit au fond , comme on le juge par l'afpect des cailloux & des fables lavés qu'on trouve fous les bafaltes ,· obligée de céder à ce fluide plus pefant , dut former des météores & des explofions terribles par fon contact avec cette maffe incandefcente. Des nuages ténébreux s'élevèrent de ce mélange informe de feu & d'eau , mille météores affreux furent occafionnés par ce choc le plus terrible.

693. Les forces projectiles des volcans une fois épuifées par les déjections , tout rentra bientôt dans l'ancien état de tranquillité , les élémens reconnurent leurs domaines & leurs bornes , le bafalte occupant les endroits bas fe refroidit peu-à-peu , diverfes divifions en colonnes , en colonnes coupées , en colonnes articulées , &c. , fe formèrent fucceffivement de la manière que nous

l'expliquerons ci-après , & les eaux des rivières & des torrens rentrèrent paisiblement dans leurs anciens lits.

694. Mais à force de couler sur ces nouveaux lits de basalte refroidi , à force d'entraîner , par leur courant , des laves mobiles, des sables , de nouveaux cailloux , &c. , les basaltes inférieurs furent ainsi usés , atténués , détériorés , coupés en tronçons & changés la plupart en cailloux : peu-à-peu la rivière se creusa de nouveaux lits dans ces basaltes , peu-à-peu ces lits devinrent profonds ; & aujourd'hui ces basaltes ainsi atténués & entraînés par les eaux , ne se présentent presque par-tout qu'en forme de remparts latéraux à droite & à gauche des rivières qui ont enfin repris leur ancien domaine.

695. D'autres fois ces mêmes eaux , sans atténuer la masse de basalte par le milieu , ont creusé un lit nouveau entre la couche de ce basalte & la montagne primitive. Alors , minant peu-à-peu & les basaltes & la montagne , elles ont détaché des colonnes & formé des précipices
au-dessous

au deſſous des laves, au fond deſquels ces eaux ſemblent quelquefois ſe perdre & diſparoître.

696. Toujours eſt-il démontré que ce n'eſt pas là l'unique voie par laquelle les eaux détruiſent les lits de baſalte. A Antraigues, par exemple, les eaux de la rivière du Volant ont coupé la couche de baſalte vers le milieu : à droite elles ont laiſſé l'élévation des baſaltes du *Piſſart* ſous le mont de Coupe, & à gauche elles ont laiſſé une autre élévation ſur laquelle Antraigues eſt bâti.

697. La vue de ces remparts latéraux de colonnes de baſaltes eſt la plus frappante ; elle préſente une infinité de colonnes régulières & perpendiculaires, élevées juſqu'à la hauteur ſouvent de deux cens pieds, unies & très-étroitement adoſſées les unes aux autres, de couleur de fer, &c.

698. Ces maſſes énormes, leur élévation hardie vers le ciel, la proportion qui règne toujours entre la groſſeur & la hauteur des colonnes, tout l'enſemble

Tome II. E

de ces édifices volcaniques d'un coup
d'œil le plus pittorefque & le plus admirable, leur ont fait donner fans doute,
par les Anglois, le nom de *Pavés de
géans* employé particulièrement par les
Naturaliftes de cette nation. Une telle
dénomination convient affez à ces productions volcaniques ; elles défignent
par une grande expreffion ces fubftances extraordinaires autant par leur
maffe que par leur forme, qui éton-
nent toujours l'ame du vulgaire & du
favant, & que les feules forces d'un
volcan en éruption & en courroux pouvoient fabriquer dans leur laboratoire,
& projeter en forme de fleuve de feu.

Dans le Haut-Vivarais on les appelle
Peire ferrau, & dans le Bas-Vivarais
Peires ferrognes, (*Petra ferruginea*):
dénomination que leur qualité ferrugineufe leur a donnée.

699. Ce n'eft qu'après avoir obfervé
cent & cent fois ces pavés de géans,
que j'ai vu enfin que *le diamètre des colonnes eft en général en raifon de l'élévation de la carrière des colonnes*. Qui eût

jamais cru que les volcans fi irréguliers dans leurs périodes & dans les variétés des divifions des fubftances émanées de leur fein, laiffaffent appercevoir, dans les prifmes de bafalte, des règles de proportion qui, quoique non généralement obfervées dans tous les bafaltes, font affez conftantes pour pouvoir en faire une règle.

700. En effet, *plus la couche ou la table des bafaltes eft haute, plus le diamètre des colonnes eft grand*, & par la raifon contraire :

701. *Plus la carrière des bafaltes eft mince, plus les colonnes qui la compofent font déliées.*

702. Les colonnes, par exemple, qui forment la carrière fur laquelle fut bâti le pont de Bridou près d'Antraigues, celles qui forment la carrière du pont neuf qui conduit à Craux & à Géneftelle, & généralement toutes les carrières du voifinage qui appartiennent à la même coulée, font formées de bafaltes fort minces, parce que la hauteur de la carrière n'eft pas confidérable.

E 2

Mais si on obferve les bafaltes des environs du pont d'Aulière près de la Paroiffe du Colombier, les carrières de bafalte étant élevées quelquefois de cent cinquante ou de deux cens pieds, les colonnes formées dans cette carrière, en raifon de cette hauteur prodigieufe de la matière fondue, deviennent gigantefques ; elles ont quelquefois deux pieds de diamètre.

703. Mais ce n'eft point dans les colonnes feules que la matière du bafalte obferve dans fes divifions des proportions relatives à la grandeur de la maffe à divifer : nous avons obfervé (682) que les couches concentriques des bafaltes en globes ou en ovale, ont toujours des divifions combinées relativement à la quantité qui eft à divifer, & que plus le globe de bafalte a de diamètre, plus les couches concentriques font épaiffes. Cette affectation conftante ne doit pas être négligée ; car dans la théorie phyfique des divifions de ces corps fondus, nous les rappellerons au Lecteur, comme une ob-

fervation & une fuite de faits qui nous conduiront à expliquer les phénomènes des bafaltes foit informes, foit prif-matiques.

704. L'eau des pluies s'infinue tou-jours dans les divifions qui féparent ces colonnes adoffées. Ces divifions font des efpèces de tuyaux capillaires qui pompent dans l'inftant toutes les li-queurs qu'on fait furnager : j'ai vu fou-vent l'eau fe propager preftement dans toutes les divifions des bafaltes, ce qui détruit à la longue les majeftueux édi-fices de cette nature ; car, comme ces pierres communiquent rapidement la chaleur ou le froid externes de l'at-mofphère à toutes leurs parties inter-nes, les gelées de l'hiver fe propagent très-profondément dans l'intérieur de leurs maffes : or, l'homogénéité de cette matière, fa qualité métallique ferrugineufe, & d'autres caufes facili-tent cette intufufception du froid & du chaud.

705. On fait que l'eau glacée fait éclater par fa raréfaction les matières

les plus denfes , elle s'infinue entre les bafaltes, elle les écarte les uns des autres , elle détruit leur connexion établie depuis l'état de fufion , les colonnes latérales de la maffe totale bafaltique fe coupent en tronçons , fe gercent ou fe fendent , leurs voifines fe coupent enfuite par la même caufe ; alors la glace augmentant de volume par l'acquifition d'un nouvel efpace , fait écarter davantage ces colonnes ébranlées , la plupart perdent leur centre de gravité , bientôt l'équilibre fe perd ; une , deux , vingt , trente , mille colonnes précipitées de ces élévations tombent dans la rivière inférieure avec un fracas horrible , & produifent , ou par leur choc mutuel , ou contre les rochers fur lefquels elles tombent , des fons divers femblables à la chûte de quelques centaines d'enclumes qui fe précipiteroient fur le roc vif, ou femblables au bruit que produiroit la chûte d'un clocher & de plufieurs cloches ; ces cloches en fe caffant dans leur chûte , n'auroient plus que des blocs de métal qui produiroient des fons divers comme nos bafaltes, dont le ton eft moins profond à mefure que le tronçon fe coupe en tombant.

706. Ceci nous conduit à l'examen des règles obfervées par le bafalte fonore. Nous avons vu ci-deffus (645) d'où lui venoit cette qualité : obfervons ici que plus le bafalte eft long avec un petit diamètre, plus le fon eft aigu, vif & fonore ; & que plus le tronçon du bafalte eft court & gros, plus auffi le fon qu'il produit eft obfcur & profond.

707. Ainfi, dans un tas de bafaltes, il feroit poffible de choifir une férie de colonnes qui formeroient chacune un des tons de la mufique ; mais cette mufique volcanique feroit toujours lugubre & peu harmonieufe.

ARCS ET VOUTES DE BASALTES GÉOMÉTRIQUEMENT DIVISÉS.

708. Les bafaltes prifmatiques ob-

fervent d'autres lois qu'il eft néceffaire de faire connoître , pour ne pas
omettre des faits qui doivent nous fervir à établir une théorie de la formation
des prifmes.

709. Chaque bafalte forme prefque
toujours un angle droit avec le fol fur
lequel il s'élève : or, cette loi qui eft
prefque univerfelle , eft plus fpécialement obfervée dans les carrières de
lave où les bafaltes font les plus géométriques & bien proportionnés entre
eux.

710. Cette affectation du bafalte à couper à angles droits le fol fur lequel il eft
moulé , fait dévier toute la carrière de
bafaltes , lorfque ce fol , d'horizontal
qu'il étoit , devient incliné à l'horizon. Par exemple, les bafaltes qui fubfiftent encore fur le lit horizontal de
la rivière d'Antraigues , font conftamment élevés perpendiculairement ; mais
cette fituation varie là où le fol, per-
dant fon horizontalité , devient la pente
de la montagne. Alors ces bafaltes
moulés fur la montagne qui va en pente

ne font plus perpendiculaires, mais inclinés de manière qu'ils affectent de couper à angles droits, le mieux qu'ils peuvent, le plan incliné de la montagne. Cette loi, quelle qu'en soit la caufe, produit fouvent des remparts de bafaltes à côté des rivières, qui méritent toute l'attention des curieux.

711. En effet, lorfque le lit fur lefquels les bafaltes ont été fondus & moulés, fe trouve faillant, en boffe régulière, en monticule, en forme de demie fphère ou d'arc, le fyftême des divifions en eft altéré, les bafaltes perpendiculaires difparoiffent, des bafaltes dont les divifions forment des lignes convergentes vers le centre du monticule fondamental forment, par leur réunion, des voûtes régulières, & l'on ne fait qu'admirer en filence cette majeftueufe géométrie.

712. D'autres fois ces monticules affaiffés par des caufes & dans des temps poftérieurs aux éruptions & aux refroidiffemens, préfentent des voûtes de bafalte qui foutiennent, par la géo-

métrie de leur architecture, des carrières énormes de bafaltes fupérieurs , matière la plus compacte & la plus lour-
de. Ces voûtes dont les pierres de bafalte forment plufieurs coins , & en
même temps plufieurs faces qui pointent contre le centre des arcs , font
ainfi de la plus haute antiquité , puifqu'ils datent de l'éruption des volcans.

713. Lorfqu'on pénètre dans la plupart de ces grottes , on voit la régularité
des pierres de bafalte qui les forment :
ce font des bafaltes quarrés , eptagones ,
pentagones , &c. , qui produifent le
plus bel effet : on ne peut fe laffer
d'en admirer la belle contexture. On
trouve plufieurs petites voûtes femblables vis-à-vis la manufacture de papier d'Antraigues. En defcendant la rivière on en trouve d'autres à droite & à
gauche ; mais la plus belle fe voit dans
les carrières de bafalte les plus éloignées du mont de Coupe , d'où la coulée
de cette rivière eft fortie , & qui font

THÉORIE DES BASALTES

VOUTE DE BALSATES

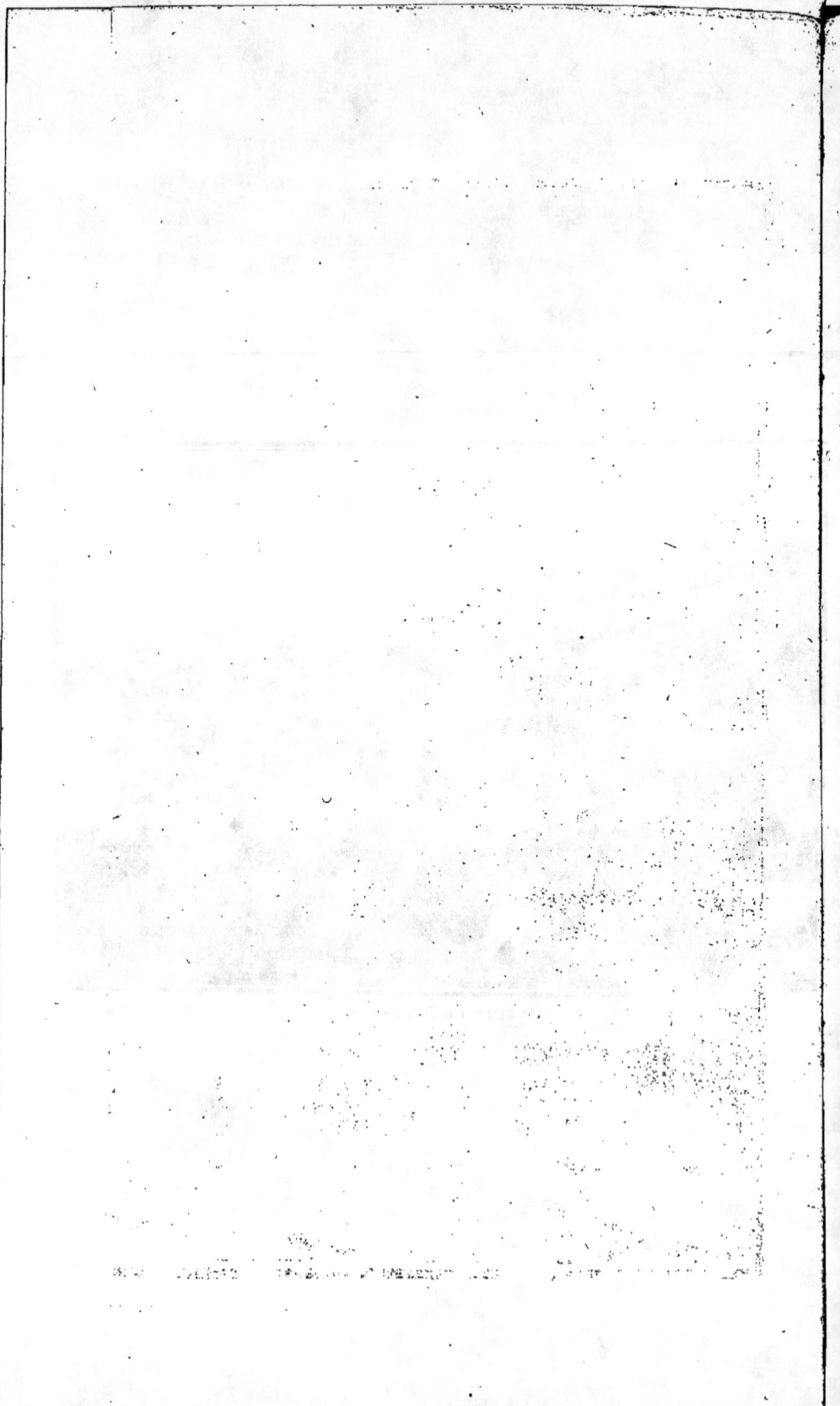

peu éloignées de Vals. *Voyez ci-contre la planche 2.*

714. Par la raison contraire , toutes les fois que les basaltes ont été moulés entre deux montagnes , par exemple , dont le vallon formoit un arc renversé , ces basaltes sont divisés entre eux par des lignes convergentes vers le point qu'on conçoit exister au centre de l'arc du vallon , de sorte que les divisions ont une direction toute contraire aux divisions précédentes : en effet , les divisions convergent dans ce dernier cas vers un point *supérieur* à la masse basaltique.

715. Au contraire , dans les arcs ou les voûtes des basaltes dont nous avons parlé ci-dessus , les rayons de division convergent vers un point *inférieur* aux carrières de basalte.

716. Ces formes comparées des basaltes dont il résulte un tout si régulier , nous amènent insensiblement à la description du plus beau morceau qui existe dans toutes les carrières du Vivarais.

717. Sous le bourg d'Antraigues du

côté du pont de Geneftelle , fe voit une
magnifique chauffée de bafaltes perpendiculaires. Tout le Village eft bâti
fur cette *plate-forme* qui foûtient encore
des maffes énormes de roches de granit ,
de terres végétales , &c. *Voyez Planche
1 , Fig. 12.*

718. Vers le milieu de cette élévation de bafaltes fe voit une colonne I
bourfoufflée ayant fans doute un noyau
intérieur qui a groffi fa maffe. Cette
groffeur extraordinaire a tellement
preffé les bafaltes voifins à droite & à
gauche , qu'obéiffant au renflement de
la colonne maîtreffe , ils lui ont tous
préfenté un enfoncement , preffant à
leur tour les bafaltes voifins jufqu'au
trentième & au-delà. Cette propagation
réciproque de renflemens & d'enfoncemens d'un bafalte dans l'autre , produit
le coup-d'œil le plus frappant : je ne
faurois le mieux comparer qu'aux
feuillets d'un livre bien battu entre
lefquels il s'eft trouvé quelque petit
corps étranger ; ce corps produit un
renflement qui fe propage à droite &

à gauche du livre ; un feuillet preffe l'autre feuillet quelquefois jufqu'au centième & au-delà.

719. La même chofe arrive aux bafaltes , & ce n'eft point feulement fous Antraigues qu'on peut admirer ce phénomène , il fe préfente tout le long de la rivière dans diverfes carrières de bafalte. Ayant même détaché au-deffus du petit Pont de bois un grand nombre de bafaltes dont les côtés étoient unis , renflés & rétrécis réciproquement , je parvins enfin au bafalte qui avoit opéré toutes ces déviations ; je le brifai à grands coups de marteau , & fon anatomie me découvrit un noyau de granit qui avoit ainfi bourfoufflé le bafalte , & dérangé toute la géométrie du voifinage.

720. En parlant des bafaltes comparés nous avons traité feulement jufqu'à préfent de ceux qui s'élèvent d'une manière perpendiculaire : nous avons vu ceux dont la direction coupe à angles droits leur fol fondamental. Ici tout va changer de face , & les carrières de

basalte du haut Vivarais , du sommet
du Coiron , &c. , nous montreront des
basaltes amoncelés sur des basaltes qui
étant encore dans leur site primordial
& naturel , ne sont pas perpendiculaires
comme les précédens.

COUCHES ONDULÉES ET HORIZON-
TALES DE BASALTE.

721. En passant de Lescrinet à Frai-
sinet , en allant de Gourdon à Mezillac ,
& de Mezillac à la Chartreuse de
Bonnefoi , on trouve diverses carrières
de basaltes qui n'ont pas été renversés
comme d'autres dont nous parlerons
ci-après , mais qui ont été fondus & se
sont refroidis & divisés sur la place
même où ces basaltes se trouvent encore : leur position est horizontale ;
leurs voisins inférieurs sont aussi couchés horizontalement , & ainsi de suite
peut-être jusqu'aux fondemens.

722. Bien plus, comme nous avons décrit ci-devant une propagation, à droite
& à gauche , des bosses & des enfonce-

mens d'un bafalte dans l'autre , nous trouvons de même , dans ces prifmes de bafaltes horizontaux , des renflemens & des bolfes qui fe propagent de haut en bas : il eft beau de voir les ondes d'une mer prefque tranquille gravées dans les bafaltes qui fe communiquent mutuellement chaque ondulation , qui ferpentent tous d'un commun accord fur le même plan horizontal , & dont les renflemens rempliffent exactement les enfoncemens des inférieurs , *& vice verfâ.*

723. C'eft fur-tout dans les carrières de lave du fommet des montagnes du Vivarais , que ces fortes de bafaltes horizontaux fe trouvent ordinairement : les volcans du Bas-Vivarais n'en préfentent abfolument aucun dans cette pofition. Ceux qui font d'une date bien antérieure , & qu'on trouve en carrières ifolées fur des pics de montagnes , n'ont dans leur intérieur aucune incruftation de corps étrangers renfermés dans leurs fubftances. On les trouve entre Gourdon & Mezillac , & dans les environs même de Mezillac , entre

ce Bourg & Lachamp-Raphaël , de
même que dans plufieurs autres cantons élevés des plus hautes montagnes du Vivarais. Mais c'eft affez de
les avoir indiqués : décrivons des divifions & d'autres carrières de bafalte
non moins intéreffantes.

ANGLE RENTRANT DE BASALTE.

Planche 3.

724. Il exifte entre le pont de la
Baume & le volcan de Jaujac une immenfe coulée de bafaltes de près de cent
cinquante pieds d'élévation , hauteur
mitoyenne ; ce fleuve de feu fuivit les
circuits du vallon qui s'avance en ferpentant. Les eaux poftérieures qui
ont fait un nouveau lit dans le bafalte,
nous montrent évidemment la force des
fleuves, des rivières & des ruiffeaux fur
le fol de la terre. Nous laiffons ces
vues pour une autre partie de cette
hiftoire à laquelle elles appartiennent :
décrivons ici feulement quelques opérations

rations de l'eau fur la maffe de bafalte.

725. Qu'on fe repréfente un des angles faillans d'une montagne qui n'eft qu'une maffe immenfe de granit vif le plus compacte.

726. Qu'on s'imagine encore qu'il exifte au côté oppofé un angle rentrant formé par deux montagnes de granit de même nature.

727. Tel eft le fol fondamental fur lequel coula le bafalte dont nous décrirons bientôt les merveilles opérées par les lois les plus fimples des corps fluides.

728. Après le refroidiffement & la formation des prifmes, les eaux de la rivière fe creufèrent un nouveau lit dans le bafalte même, recouvrant ainfi, vers l'extrémité à droite de la coulée, leur ancien domaine.

Peu à peu les eaux minoient ces bafaltes & les détachoient de leurs tables : de nouvelles eaux entraînoient ces colonnes féparées, & agrandiffoient ainfi peu à peu leur lit aux dépens de la maffe totale.

Tome II. F

Arrivées à l'angle saillant de granit qui pénétroit bien avant jusques dans le milieu du lit de basalte, les eaux de la rivière trouvoient sur ce rocher de plus grands obstacles : formé tout d'une pièce, les eaux ne pouvoient en détruire la masse que peu à peu ; le roc vif plus compacte qu'aucun corps des environs, réfléchissoit les eaux qui venoient battre sur sa masse, & ces eaux refluoient vers le côté opposé au rocher, en agissant ainsi contre la masse de lave basaltique, qui éprouva, plutôt que le roc de granit, l'action des eaux & des corps qu'elle entraîne.

729. Ces destructions insensibles & lentes des colonnes ébranlées par le choc des eaux, & détachées ainsi de leur masse, ont formé à la longue un vide, un angle rentrant de basaltes en colonnes, égal à l'angle saillant de granit vif & opposé. *Voyez la Planche 3.* Le dessein de cet angle rentrant a été pris du haut de l'angle saillant granitique placé vers le centre de cette carrière de basalte.

ANGLE RENTRANT DE BASALTES

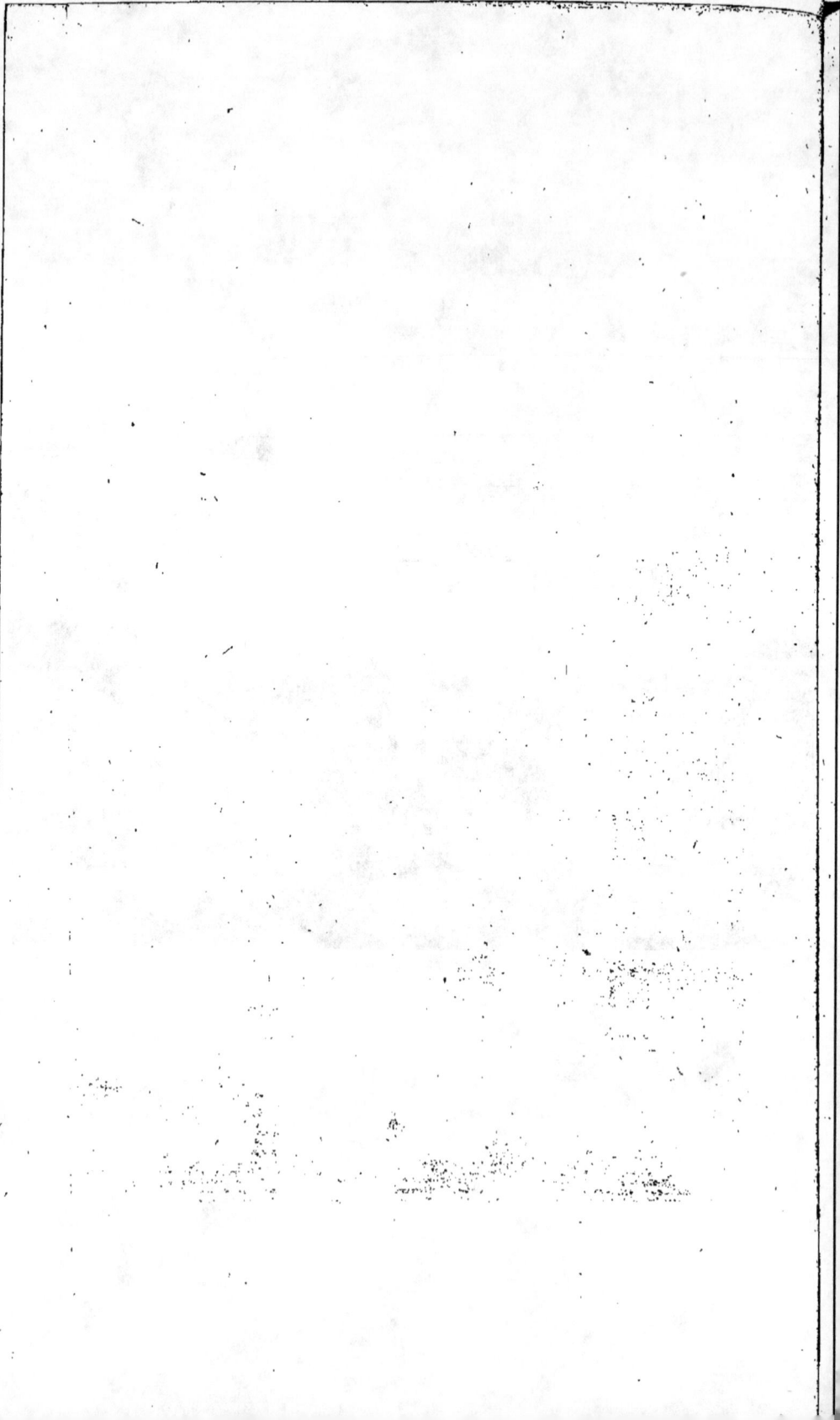

730. Si pour en obferver la beauté l'on fe place fur cet angle faillant de granit, & fur la pointe la plus élevée & la plus voifine des eaux, on fe trouve dans le centre même d'un majeftueux rempart circulaire de bafalte, & comme les colonnes font d'ailleurs très-bien proportionnées avec la hauteur de la maffe totale, comme elles font d'ailleurs bien égales dans toute leur longueur, il femble qu'on eft au centre d'un lieu enchanté entouré d'un cercle de colonnes très-bien unies les unes aux autres, hautes de cent cinquante pieds, formant un demi-cercle géométrique, terminées en bas par une nappe d'eau vive, couronnées en haut par des terres végétales d'où s'élèvent des arbres, des arbuftes, & le tout terminé enfin par un lointain qui préfente des montagnes volcanifées & non volcanifées, des côteaux les mieux cultivés, comme on peut le voir par la gravure que nous en donnons. Décrivons à préfent les carrières horizontales de bafalte, & les fingularités qu'elles préfentent dans leurs divifions. F 2

CARRIERES DE BASALTES DIVISÉS EN SPIRALE.

Planche 1 , Fig. 13.

731: En montant de Gourdon à Mezillac on trouve à mi-chemin , proche
le *champ de Mars* , une division singulière d'une table de basaltes.

On ne peut en observer le système général que du sommet de la carrière ; &
non point latéralement , de sorte qu'on
ne peut juger de la profondeur de la
carrière qui ne se présente que du côté
de sa surface supérieure ; elle est nue &
dégagée de tout autre corps étranger.

732. Dans tout le voisinage les basaltes se montrent en grandes masses irrégulières , divisées sans ordre & sans
symétrie , & c'est au milieu de cet
amas confus qu'on observe les régularités suivantes.

733. Du centre de la surface horizontale dont nous parlons A , sort une
ligne qui forme une véritable spirale ,
comme les formes orbiculaires d'une

corné d'ammon. Cette ligne donne cinq circonvolutions autour du centre d'où part le premier arc.

734. La matière se trouve donc ainsi divisée par une fente perpendiculaire propagée en spirale, ou plutôt, elle est elle-même une grande masse de forme spirale, comme le ressort d'une montre.

D'autres divisions B B rendent ce morceau plus intéressant encore ; elles sont aussi perpendiculaires & coupent à angles droits les divisions précédentes, de sorte qu'elles aboutiroient au centre d'où part la ligne en vis, si elles étoient prolongées jusqu'à ce point. On concevra aisément ces deux divisions intéressantes, en se représentant un serpent plié en spirale & coupé en tronçons : les lignes qui séparent les tronçons, & qui aboutissent au centre de la spirale, & la ligne spirale qui sépare une circonvolution de l'autre, représentent exactement la merveilleuse division de nos basaltes, plus aisée à décrire qu'à expliquer.

F 3

COUCHES SUPERPOSÉES DE BASALTES COUPÉS A RAYONS DIVERGENS.

Planche 1 , Fig. 14.

735. Nous avons d'autres divisions singulières ; on les trouve au col de Juvinas, en allant, par les chemins les plus mauvais, de ce Village au Colombier.

736. Ces divisions qui aboutissent vers le centre F, se sont formées dans plusieurs tables de lave basaltique , posées horizontalement les unes sur les autres , sans aucun corps hétérogène intermédiaire ; de sorte que la couche supérieure A de ces tables de basalte , touche à nud la couche inférieure qui suit B , & celle-ci touche de même celle qui se trouve encore plus bas E , & ainsi des autres.

737. Or , ces couches ont éprouvé toutes ensemble des divisions fort singulières. Qu'on se représente une ligne verticale qui traverse *idéalement* toutes

ces couches horizontales, & qui les *transperce* depuis le fondement jusqu'au sommet supérieur, ou depuis C jusqu'à D.

738. Qu'on s'imagine encore que les couches sont divisées en rayons, je veux dire par des lignes qui convergent vers le point F, que nous avons dit traverser les trois couches, & qui se réunissent toutes à ce point donné. Voilà l'histoire de la première couche inférieure & fondamentale.

La seconde couche supérieure à la précédente est divisée de la même manière; les points de réunion des rayons aboutissent vers ce même centre.

La troisième couche supérieure est de même forme, & ainsi de suite.

Toutes ces divisions & ces couches parallèles ne peuvent pas, je crois, permettre une similitude plus naturelle que la suivante, qui nous dépeindra tout le système de ces sortes de divisions.

739. Qu'on se représente quatre ou cinq glaces bien unies, & posées les

F 4

unes fur les autres horizontalement fur un lieu quelconque.

Qu'un coup fec, violent, les frappe dans un feul point ; fi ce coup eft appliqué comme il faut, tout à coup les quatre glaces feront brifées en rayons, ou en étoiles, dont les centres fe correfdront.

Voilà une image très-reffemblante des bafaltes du col de Juvinas, dont les blocs voifins ont été détruits & dérangés de leur fituation primitive ; il n'en refte que les divifions géométriques dont nous avons parlé ; chaque couche diminue même de diamètre à mefure qu'elle s'éloigne du fondement, & tout l'enfemble de cet édifice forme une forte de pic qui, étant tout de pièces rapportées & divifées géométriquement comme les pierres d'une voûte, d'uné pyramide, &c, pourroient être tranfportées ailleurs, & former dans un cabinet le plus beau morceau qu'on ait jamais vu dans ce genre.

Deux caufes feules femblent avoir

pu produire ces divifions que je crois
être d'une date différente de celle des
refroidiffemens.

740. En effet, il eft probable, d'un
côté, que les tremblemens de terre
fi ordinaires dans les pays où des volcans de plufieurs époques ont exercé
leur fureur les uns après les autres, il
eft probable, dis-je, que ces tremblemens de terre foulevant de part en
part les entrailles de la terre, les rochers fupérieurs, &c., quelque roche
ait pouffé inférieurement les couches
de bafalte peu épaiffes & fort étendues :
car nous avons fait obferver ci-deffus
que les carrières de bafalte du voifinage étoient difpofées en couches. Or,
comme le bafalte eft une fubftance vitreufe, très-caffante, elle aura éprouvé
les mêmes divifions que nos glaces,
les vitres des fenêtres & tous les corps
friables connus, qui fe coupent en étoiles, en rayons divergens, lorfqu'ils font
frappés à fec par un corps aigu, ce
qui eft fort ordinaire : en collant un
morceau de papier au centre de l'étoile,

on confolide les angles qui pointent tous les uns contre les autres.

741. Une feconde caufe moins probable que la précédente peut avoir formé ces fingulières divifions. Il eft poffible qu'une éruption de laves poftérieures à celles dont nous avons parlé, ait coulé tout à coup fur elles, & que le bafalte refroidi fe trouvant ainfi furpris par la matière incandefcente, fe foit gercé & fendu : le bafalte tel qu'on le tire aujourd'hui de la carrière, pétille & fe coupe lorfqu'on le jette tout à coup dans un très-grand feu. Quoi qu'il en foit, le fait eft tel que nous l'avons décrit ; il prouve au moins, s'il n'eft pas poffible d'en expliquer les caufes, que les bafaltes font fufceptibles de recevoir dans leur refroidiffement des formes géométriques ou non géométriques les plus variées & les plus étonnantes, à caufe des combinaifons différentes qui femblent néceffaires à former tant de particularités intéreffantes.

BASALTES TORDUS. MONTAGNES DE
BASALTE EN VIS. DIVISIONS DES
CARRIÈRES DE BASALTE EN SPI-
RALE , &c. BASALTES EN TA-
BLES , &c.

742. Outre les basaltes à bosses
& à circonvolutions , j'ai encore observé , parmi des déblais de basaltes
séparés de leurs carrières , des colonnes
qui , sans être à bosse , sont tordues
comme des bâtons de cire d'Espagne ,
ou certaines colonnes d'architecture de
ce goût là. J'en ai même observé trois qui
étoient exactement unies , & entrelas-
sées comme deux joncs tordus ensemble.

743. Quelle qu'ait été la cause de
ces sortes de divisions dans le basalte ,
la merveille augmente prodigieusement
lorsqu'un grand nombre de basaltes
réunis concourent à former une montagne ou un pic , ou un monticule en
forme de vis immense , tel que le pic
de Chastelas.

744. Le Chastelas est situé dans le

territoire de là paroiſſe de Gourdon.
C'eſt un pic d'environ cent pieds d'élévation ; les baſaltes qui le forment ſe
ſont conſervés encore dans l'état où ils
étoient après le refroidiſſement. Les
baſaltes d'alentour & les voiſins ont été
entraînés par les agens deſtructeurs des
édifices volcaniques ; & le ſeul pic de
Chaſtelas a triomphé des temps de même
qu'un autre à peu près ſemblable qu'on
trouve dans le voiſinage.

Un tas immenſe de colonnes en
tronçon , confuſément amoncelées les
unes ſur les autres , entoure ce pic. Un
cône régulier de baſaltes horizontaux
s'en élève ; ils ſont très-étroitement
unis , & leur ſyſtème général tend à
former une vis immenſe qu'on voit diminuer vers le ſommet.

745. La force de la peſanteur , le
laps des temps , les pluies, les gelées,
& les autres cauſes deſtructives des
baſaltes , des laves , & des édifices des
volcans , comme nous le verrons ailleurs , n'ont pu encore ébranler ce monument volcanique , à cauſe de ſa for-

me & de celle de chaque bafalte qui compofe la maffe totale.

746. En effet , l'édifice ayant un fondement fort large , & une maffe peu confidérable à foutenir fupérieure-ment , puifque le tout eft terminé en pointe , le monument volcanique fe foutient fur lui-même plus aifément , & donne moins de prife aux eaux plu-viales , aux neiges , aux vens & à toutes les injures de l'atmofphère fi fouvent irritée dans ces endroits élevés , mon-tagneux & volcanifés. *Voyez dans la fuite de cet ouvrage le Chapitre intitulé :* Météores des contrées volcanifées.

La fituation & la forme des colon-nes de bafalte , leur fyftême en fpirale ont d'ailleurs confervé ces reftes pré-cieux des anciens volcans qui les ont vomis : ces bafaltes font ainfi l'office de plufieurs bandes ou zones qui , en entou-rant en forme de vis la montagne , empêchent les éboulemens & les chûtes latérales. La plupart font coupés à pic vers le bas du monticule.

Toutes ces chofes font comprendre

comment le pic de Chaſtelas aujour-
d'hui iſolé , a fait partie autrefois
d'une immenſe coulée. *Voyez la Planche 4.*

BASALTES EN TABLES HORIZONTALES.

748. Nous ne décrirons plus des baſaltes en colonnes priſmatiques , mais
des tables de baſalte , ou plutôt des couches ſuperpoſées comme les bancs des
roches calcaires.

749. Le ſommet de la montagne
du Coiron , du côté de Veſſaux ; de
Saint-Étienne , de Saint-Jean , d'Aps ,
de Privas , &c. , eſt couvert d'une
grande couche horizontale de baſalte ;
cette couche eſt ſubdiviſée en pluſieurs
autres dans quelques endroits , ſans
que les diviſions perpendiculaires des baſaltes ſe correſpondent. Chaque couche
a ſon ſyſtême particulier de diviſion ;
elles ſont plus fréquentes dans les couches moins épaiſſes , & plus rares dans
les plus larges : ce qui ſemble prouver,
ſi je ne me trompe, que ces couches diffé-

LE PIC DE CHASTELAS PRÉS DE CORBIERRES EN VIVARAIS

rentes font l'effet de diverfes éruptions;
car dans une éruption on ne doit trouver ordinairement que des divifions longitudinales de même proportion.

Les environs de la montagne de Mezillac, fur-tout, ne préfentent que des
maffes de bafaltes vifs en couches horizontales ; on ne trouve ici nulle part
ces divifions géométriques affectées par
les bafaltes du Bas-Vivarais : les territoires des environs, la plupart couverts
de peloufes, de laves poreufes pulvérulentes, &c., ne font que des amas
de ces bafaltes en couches horizontales.

BASALTES LAMELLEUX DU COIRON.

750. En paffant de Lefcrinet vers
Fraiffinet, on trouve des bafaltes lamelleux de fix lignes d'épaiffeur. Ils
font dans un ordre vertical, pofés les
uns à côté des autres, & conjoins de la
manière la plus étroite.

BASALTES TRANCHANS.

751. Il exifte fous Antraigues quel-

ques colonnes de baſaltes à cinq faces dont deux fort allongées forment un angle très-aigu , de telle ſorte que ces baſaltes priſmatiques ont un tranchant qui imite en quelque ſorte celui d'un ſabre.

Cette figure les rend propres à couper des blocs de bois auſſi preſtement qu'un outil enfer; mais la friabilité du baſalte en laiſſe émouſſer bientôt le tranchant ; des échancrures en détruiſent le fil après quelques coups , comme les baſaltes des environs que nous avons décrits ci-deſſus (668).

CHAPITRE

CHAPITRE IV.

Des corps étrangers contenus dans les Basaltes.

752. Toutes les substances hétérogènes incluses dans les basaltes, sont à ces sortes de laves ce que les coquillages sont à la pierre calcaire.

Les basaltes, en effet, & les carrières de pierre calcaire ayant été en état de fluidité ou de vase, furent susceptibles de recevoir des corps hétérogènes qui se sont conservés & dans les couches de lave & dans les couches des carrières calcaires.

753. Les basaltes & en général toutes les sortes de lave connues, contiennent des substances *calcaire*, *granitique* & *vitrifiée*.

J'appelle *substances vitrifiées* celles dont la vitrification paroit être un résultat de leur mélange, pendant la fusion, avec le basalte qui les contient ;

Tome II. G

& j'appelle *substances étrangères granitiques* celles qui, ayant été vitreuses avant leur insertion dans le basalte, n'ont point été altérées, ou l'ont été très-peu par l'action du basalte fondu ambiant.

754. J'appelle enfin *substances calcaires* les corps ou noyaux insérés dans le basalte, qui ont conservé encore leur nature calcaire dans l'ancien fluide igné; ils ne font point calcinés, ou ils l'ont été foiblement; ils font effervescence avec les acides, ils jouissent encore de toutes les propriétés connues des substances de cette nature.

755. Tous ces corps étrangers méritent d'autant plus l'attention des Naturalistes, qu'ils peuvent donner un grand jour à l'histoire du basalte : ils montrent quelle fut l'action de cette matière fondue sur les substances englouties dans sa masse pendant l'incandescence; ils nous montrent, dans les matières calcaires enfoncées dans le cœur du basalte, divers degrés de conservation, de même que dans les ma-

tières granitiques, tandis que les matières vitrifiées par l'action de ce feu
font les plus curieufes, à caufe des formes qu'on reconnoît dans ces verres
fecondaires.

756. Nous parlerons, en premier
lieu, des noyaux calcaires & de leur
état actuel ; 2°. des matières granitiques ; 3°. des matières vitrifiées qui ont
acquis, dans le bafalte incandefcent,
des figures régulières & géométriques,
& qui paroiffent fous les formes de criftallifation les plus curieufes.

DES SUBSTANCES CALCAIRES INSÉ-RÉES DANS LES BASALTES, ET DES BASALTES INSÉRÉS DANS LES MA-TIERES CALCAIRES.

Les bafaltes contiennent très-fouvent des noyaux de pierre calcaire ;
mais il n'y a que les volcans qui, ont
percé à travers la roche calcaire, tels
que ceux du Coiron, de Rochemaure,
&c., qui préfentent ordinairement, dans

l'intérieur des bafaltes , des noyaux de pierre de cette nature.

757. J'ai obfervé néanmoins , parmi les laves du Volcan de Coupe près de Jaujac , fitué dans la zone granitique , quelques noyaux de matière calcinable.

Toutes ces fubftances calcaires , quoique inférées dans un torrent de feu le plus véhément , & quoique enclavées dans le bafalte , matière vitreufe & ferrugineufe , qui fut jadis incandefcente , ont confervé néanmoins , pour la plupart , leur état calcaire dont elles ont retenu toutes les propriétés. La furface extérieure des noyaux paroît feulement un peu attendrie par le contact de la matière enflammée ambiante ; la pointe d'un clou égratigne aifément les bords & les change en pouffière , & fi l'on fait fubir l'action de l'acide nitreux à cette pouffière , l'effervefcence n'eft pas confidérable.

758. Le bafalte fondu paroît même avoir une force pénétrante. La maniére dont cette matière en fufion s'eft incorporée dans les plus petits interf-

tices des corps contenus prouve cette vérité. J'ai une collection de laves poreuses & de basaltes qui ont des noyaux de pierre granitique & calcaire, la plupart fendues par l'action de la chaleur.

759. Enveloppés tout à coup d'une substance fluide & incandescente, ces blocs de roche calcaire décrépitent, & se gercent dans l'instant, comme toutes les pierres qu'on jette tout à coup dans un grand feu, & qui passent de l'état de froideur à l'état subit d'une chaleur extraordinaire : & comme le basalte étoit alors en état de fluidité, il cédoit aisément à la raréfaction des noyaux qui petilloient & se fendoient par l'action de cette chaleur ; le basalte fondu réagissoit à son tour contre ces noyaux qu'il comprimoit en tous sens, & la matière fluide s'inséroit dans les plus petits alvéoles, dans les fentes, dans les sinuosités, pressée peut-être par la force qui fait monter les liqueurs dans les tuyaux capillaires. Or, c'est ici la vraie cause de toutes les pénétrations

G 3

de la matière fondue dans les plus petits replis des noyaux quelconques inférés pendant la fufion dans le bafalte
ou dans les autres laves volcaniques
incandefcentes.

760. Malgré cette force de pénétra-
tion, on ne voit pas cependant que
cette matière ait calciné les roches
calcaires, qui fe font exactement confervées dans leur état primordial dans
le bafalte fondu. Un Chymifte ni un
Phyficien ne feront point étonnés de ce
phénomène : ils favent, en effet, que,
pour calciner une pierre calcaire, il faut
que le feu faffe exhaler l'air & l'eau
fixés dans fa fubftance, & que ces deux
élémens qui étoient combinés avec la
matière calcaire, s'en féparent totalement. Alors toute la matière calcinée a
perdu environ la moitié de fon poids
& de fa fubftance que le feu a volatilifée, & qui s'eft échappée dans
l'atmofphère terreftre, véhicule des
vapeurs des corps fublunaires, fans lequel l'afcenfion d'aucune exhalaifon quelconque ne peut fe faire.

761. Or, comme, dans le cas préfent, non feulement les corps calcaires n'ont point une atmofphère d'air pur, actif & ambiant, comme l'eau & le gas n'ont pas même la force de s'élever au deffus du bafalte malgré fa fluidité, parce qu'il eft, même dans fon état de fufion, trop compacte pour fe laiffer divifer par des vapeurs aqueufes ou aériennes, il s'enfuit que la calcination des noyaux de pierre calcaire eft phyfiquement impoffible, lors même qu'ils font inférés dans le bafalte fondu le plus incandefcent.

762. Par la raifon contraire, les blocs de roches de marbre, qui ont touché immédiatement la lave bafalte, qui ont arrêté fon cours, qui ont été expofés ainfi à l'action du feu & à l'activité de l'air, font changés en une forte de chaux. On admire encore ces maffes de nature calcaire trèsdures & très-bien confervées dans l'une de leurs extrémités, qui fe changent par nuances en terre glaife, depuis leurs bords jufques au point de contact avec

G 4

le basalte fondu. D'autres fois ces masses de pierre calcaire, sans se transf-
muer en argile, font devenues poreufes & percillées, sans qu'elles préfentent aucun corps qui ait pu former ces
vacuoles.

763. Ceux qui, voyageant en Vivarais, voudront étudier ces nuances
de la matière calcaire modifiée de plufieurs manières par l'action du basalte
fondu, doivent parcourir les sommets
du Coiron, le col de Lescrinet & la
ligne de contact entre les plateaux volcaniques du Coiron & la montagne fondamentale antérieure aux éruptions. Là
ils verront les opérations chymiques
de la nature repréfentées en grand, &
les événemens poftérieurs que la fucceffion des temps a ménagés. Cette
Chymie, fous cet afpect, eft bien
autant inftructive que la petite portion de la Chymie naturelle que l'homme fait pratiquer.

764. Toutes ces obfervations & les
raifonnemens fubféquens femblent expliquer pourquoi le basalte fondu &

coulant fur des lits de terre calcaire,
les a calcinés ou réduits en glaife,
tandis que les rocs que ce bafalte a enveloppés entièrement, fe font confervés
au contraire dans leur état primitif.

765. On voit dans le premier cas
que le bafalte coulant fur une terre calcaire qui avoit, dans fes divers interftices, une certaine quantité d'air pur,
a volatilifé, par fon incandefcence, le
gas & l'eau fixés contenus dans cette
terre, & que cette eau & ce gas vola-
tilifés, fortant de la fubftance calcaire,
paffoient aifément dans les vides du
voifinage. Ces terres calcaires ont donc
pu fe calciner ou fe changer en une
forte de craie femblable à celle qu'on
voit vers le paffage de Lefcrinet, où
l'on ne peut affez admirer un amas immenfe de terres femblables qui touchent immédiatement la lave qui les a
a calcinées.

766. Et par la raifon contraire, on
voit que cette même lave ayant enveloppé, pendant la fufion, des roches vives & calcaires, ne les a point altérées

à caufe de l'abfence totale de l'air de l'atmofphère qui eft le véhicule du gas & de l'eau qui s'élèvent, pendant l'acte de la calcination, des matières calcaires. Or, il eft démontré que, fans la volatilifation du gas & de l'eau, il ne fe fait aucune calcination dans ces fubftances.

767. Toutes ces vérités qui fe fuivent fi naturellement, & qui ne font que des vérités de fait & d'obfervation, montrent donc pourquoi il eft de couches de pierres calcaires divifées en lames un peu écartées, & remplies, poftérieurement à cette féparation, de couches de bafalte, fans aucune dégradation de la partie calcaire. Le feu du bafalte fondu & moulé raréfia néceffairement tout à coup l'air & l'eau contenus dans la pierre calcaire qu'il fit tellement décrépiter ou petiller, que le bafalte fondu s'inféra dans les vîdes les plus étroits & les plus capillaires de ces pierres calcaires.

768. Je fuis d'autant plus convaincu de la vérité de cette affertion, que j'ai

entre les mains un bloc mi-parti de bafalte & de pierre calcaire farcie de lave, qui femble la démontrer. La pierre
paroît avoir éclaté par la force d'un
feu qui l'enveloppa fubitement : la lave
s'inféra dans la fente, & les deux blocs
féparés fe correfpondent vifiblement par
leurs angles, leurs finuofités, leur forme relative, &c.

769. Voyez ce qui fe paffe dans la
fonte des cloches ; c'eft l'image la plus
reffemblante de l'action du bafalte fur
ces pierres calcaires.

J'ai vu fondre diverfes cloches dont
les moules inférieur & fupérieur avoient
été faits d'argiles de nature calcaire,
faifant effervefcence avec les acides : je
me fuis convaincu de cette vérité depuis peu, ayant fait éprouver à ces argiles l'action de l'acide nitreux.

Lorfque le fondeur forme fes moules, il a foin de les faire cuire par un
feu violent qui les prépare à recevoir
la matière métallique incandefcente.
Pour empêcher enfuite le moule extérieur de décrépiter, il a foin de l'en-

tourer de filaſſe ou de chanvre , qu'il couvre d'une nouvelle couche de glaiſe , à laquelle il ſuperpoſe un nouveau tiſſu de chanvre ou de filaſſe qui lie toutes les parties de ce moule extérieur : ces précautions doivent l'empêcher de ſe fendre & de ſe gercer , lorſque la matière fondue appliquera ſur ce moule toute l'action de ſes feux.

770. Lorſque le fondeur a trop épargné le chanvre , ou lorſqu'il n'a pas formé un tiſſu bien entrelaſſé & bien croiſé , l'action du feu fait fendre ce moule , la matière fondue s'épanche à travers cette ouverture , & le fondeur étonné reconnoît les ſuites de ſa maladreſſe. Tandis que , dans le cas contraire , le métal fondu forme une très-belle cloche , qui porte en relief l'empreinte des lettres , des armoiries & des plus petits traits gravés dans le moule qui n'eſt jamais endommagé à cauſe de l'abſence de l'air , ou qui ne l'eſt que très-peu dans ſon point de contact.

771. Voilà l'image en petit de ce

qui arrive en grand dans les fontes du bafalte : la torréfaction fait décrépiter les matières calcaires, elle les fait foulever en couches ; le bafalte fondu s'infinue enfuite dans ces nouveaux vacuoles, il en remplit toute la capacité & toutes les finuofités, ce qui ne fuffit pas pour conclure que la matière calcaire étoit en état de boue, que le globe étoit inondé de vafes maritimes : affertion trop hafardée que les lois des fluides femblent contredire ; car le bafalte fondu & la boue fluide de la mer mêlés, fe feroient arrangés en deux couches fuperpofées felon leur poids refpectifs, comme les fluides mêlés.

772. Si quelqu'un doutoit de la décrépitation des matières calcaires fubitement enveloppées par le bafalte fondu, il n'a qu'à obferver une infinité de faits femblables dans la nature, non feulement dans les pierres, mais même dans le bois qu'on fait fécher tout à coup dans un four : foible image de l'action d'un fluide de feu tel que le bafalte. Cette décrépitation s'obferve

dans les vafes de verre fubitement plon-
gés dans l'eau chaude , de forte qu'une
infinité de phénomènes en fait une efpèce
de loi à laquelle obéiffent tous les
corps. Les Chymiftes favent combien il
faut de foins préliminaires pour avoir
des creufets qui ne décrépitent pas : encore ont-ils la précaution d'échauffer
& de refroidir ces vafes par degrés,
tandis que le bafalte fondu agiffant fubitement & fans préparation , comme un
fleuve rapide & puiffant , fur toutes les
matières quelconques qu'il rencontre
& qu'il enveloppe dans l'inftant , les
fait décrépiter en divers fens. En voilà
affez , je crois , pour qu'on puiffe conclure que les matières calcaires & granitiques font expofées à fe fendre
aux approches d'un feu violent , &
pour affirmer que ces pierres calcaires,
décrépitées pendant l'éruption des bafaltes liquides , n'étoient pas plus dans
un état de vafe marine ou de boue,
que les noyaux des matières granitiques
qu'on trouve auffi fondus , partagés en
deux , en trois & en quatre couches-

lamelleufes par les mêmes caufes : or ,
qui ofera affurer que ces noyaux de
nature vitrifiable fuffent en état de pâte
ou de vafe , lorfqu'ils furent enveloppés par la matière fondue ? Leur forme
fuffit pour éloigner cette idée.

773. Ainfi agit en petit le bafalte
fondu fur des noyaux de pierre calcaire , ou fur des angles faillans de même matière , qu'il rencontre à fon paffage pendant fa fufion , tandis que ,
s'étendant comme un fleuve fur des lits
de roc vif de nature calcaire , & même
de nature vitriforme , il les fend en
fens incliné ou perpendiculaire , & s'infinue enfuite dans les fentes. J'ai vu
dans plufieurs endroits du Vivarais ,
& fur-tout dans la rivière du Volant ,
depuis les environs de Vals jufqu'à
Antraigues, des veines granitiques remplies de bafalte. La coulée de bafalte
fupérieur avoit été entraînée par les
eaux , & il ne reftoit que des fentes
du roc vif fondamental , remplies de
bafalte qui s'y étoit infinué , & que le
roc conferve encore.

On ne pourroit dire abfolument que
ces fentes fuffent antérieures à l'éruption de ce fleuve de feu , parce qu'elles
euffent été remplies par d'autres matières , comme plufieurs autres fentes voifines le font effectivement : ce qui démontre leur antériorité. On ne pourroit pas dire avec plus d'avantage que
ces fentes pleines de bafalte font poftérieures à la formation & au refroidiffement des couches fupérieures , puifqu'elles ne feroient point exactement
remplies par aucune fubftance , le bafalte étant alors refroidi. Il eft donc
démontré , par ces deux raifonnemens,
que la feule matière en fufion & incandefcente a fait gercer, petiller les maffes
de granit fondamentales , & qu'elle s'y
eft logée , en rempliffant exactement
toute la longueur du rayon de féparation.

774. Encore cette obfervation pré-
fente-t-elle un fait le plus frappant &
le plus remarquable , capable de faire
comprendre les opérations de la nature

re dans la formation des prismes de basalte. Voici ces faits.

775. Toutes les fois que ces fentes
se trouvent dans une roche calcaire ou
vitriforme, horizontale & bien unie , ces
mêmes fentes sont fort droites & d'un
égal diamètre.

Alors seulement le basalte moulé dans
ces fentes est divisé par degrés exactement mesurés ; de sorte qu'une fente
n'est jamais plus voisine de l'autre qu'il
le faut, pour que toute cette coulée
de basalte dans le roc conserve des dis-
tances & des degrés égaux dans toutes
ses divisions. Or, ces divisions des basaltes dans le roc ne participent aucunement à celles de la grande couche
de basaltes externes ; mais elles suivent
la loi générale des basaltes prismatiques
dont les divisions sont plus ou moins
fréquentes en raison de la plus grande
ou plus petite masse à diviser.

776. Or, dans le cas présent les
masses étant peu considérables , les divisions sont très-multipliées , & les basaltes insérés dans le roc vif de nature

Tome II.   H

graniteufe, font quelquefois de la petiteffe des caractères d'Imprimerie; de
forte que les curieux pourroient avoir
ici la plus précieufe collection de bafaltes en miniature qui puiffe exifter,
d'autant mieux qu'ils verroient en petit l'exacte & conftante affectation des
bafaltes qui décrépitent ou fe fendent,
felon leur plus grande ou plus petite
maffe à divifer. Voilà des exemples
en petit de tout ce que nous avons
confidéré en grand dans l'hiftoire des
Pavés des Géans : la nature uniforme
dans fes faits montre donc, fous plufieurs afpects, fes opérations.

Ici je me crois obligé d'avertir les
Naturaliftes & les Amateurs, de la petite fupercherie de quelques ouvriers
qui taillent les pierres à fufil de Rochemaure : ils ont l'adreffe de couper,
en forme de prifmes, des blocs de bafalte, & de les réunir en imitant les
prifmes naturels & gigantefques des
carrières bafaltiques : quelques-uns ont
eu l'audace de m'en préfenter ; j'ai ad-
miré leur petite malice, leur adreffe à

blanchir & à corroder un peu les surfaces nouvellement taillées , pour leur
donner un air d'antiquité , & quelquefois à les tremper dans la chaux , pour
imiter cette vétufté.

De tout ce que nous avons dit jufqu'ici il fuit donc que les blocs de
pierre calcaire inférés dans la lave
avec des fentes & des interpofitions de
bafalte , ne peuvent prouver que ces
carrières fuffent en état de boue. Dans
ce cas , en effet , c'eft le bloc de pierre
calcaire qui eft plutôt contenu que
contenant , puifque les filons du bafalte interpofé font toujours corps avec
la carrière du bafalte contenant.

777. Il eft d'autres preuves bien
plus convaincantes que quelques courans de la vafe ont été fous-marins , &
c'eft lorfque la matière torréfiée coulant
dans les eaux maritimes , a décrépité
& reçu dans le vide des fentes une eau
dont les molécules fpathiques dépofées à
la longue , ont formé tant de criftal-
lifations.

778. Tels les fpaths renfermés dans

H 2

la lave des volcans de Monferrier près
de Montpellier , tels ceux du volcan
d'Agde au bord de la Méditerranée ,
tels ceux qui font adhérens aux parois
latérales des fentes des roches bafaltiques d'Aubenas , de Rochemaure , &
autres courans qui fe font étendus fous
les eaux de la mer , lorfqu'elle fubmer-
geoit encore ces baffes contrées volcanifées du Bas-Vivarais. Les eaux ont
dépofé dans ces fentes & dans les laves poreufes des criftaux fpathiques
calcaires , & d'autres apparences auffi
fenfibles que les eaux du Rhône qui ,
dans fa dernière inondation , laiffa dans
les appartemens à rez de chauffée
d'Avignon , des zones & des lignes co-
lorées horizontales de fon niveau. La
roche de Doms & les maifons adjacentes de la Ville formoient une île qui
dominoit fur toute la plaine fubmer-
gée , comme les vieux volcans du fommet des montagnes du Vivarais qui éle-
voient leur crête & leurs bouches ignivomes bien au deffus du niveau des
eaux maritimes , lorfque les courans

des volcans inférieurs d'Aubenas, Rochemaure, &c., étoient inondés de l'Océan univerfel, & recevoient dans leurs bafaltes les molécules fpathiques que j'ai trouvées criftallifées, en brifant la plupart de leurs laves.

779. Voilà des monumens authentiques, je crois, du féjour des eaux maritimes fur ces baffes contrées du Vivarais, à l'époque où elles étoient inondées des eaux maritimes. *Voyez, à la fuite de cet ouvrage, l'hiftoire ancienne du globe terreftre.*

DES MATIERES GRANITIQUES CONTENUES DANS LE BASALTE, ET DU BASALTE CONTENU DANS LES MATIERES GRANITIQUES.

780. Si des noyaux de matière calcaire fe trouvent très-fouvent dans le bafalte établi fur le fol calcaire, fi le même bafalte incandefcent a fait décrépiter le fol fondamental granitique & calcaire, les bafaltes préfentent encore des noyaux de granit dont l'état actuel

H 3

mérite auffi d'être décrit & foigneufement obfervé.

781. Ces bafaltes fondés fur les terrains de nature vitriforme , contiennent
tous , les uns plus que les autres , des
noyaux de même nature ; ainfi les volcans du Pic-de-l'étoile , d'Antraigues ,
de Jaujac , les deux Gravènes , &c.
abondent en bafaltes farcis de noyaux
de granit.

782. En général ces granits font
moins confervés que les noyaux de nature calcaire fans doute , parce que tout
ce qui eft de nature vitrifiable a moins
befoin du concours de l'air que le calcaire , pour être altéré par le feu.

783. On trouve néanmoins des noyaux de granit très-bien confervés dans le
bafalte , & fi étroitement entourés de
cette fubftance , que fans la différence
de couleur , ils paroîtroient ne faire
qu'un feul & même corps : on ne voit pas
même qu'il y ait le plus petit interftice
entre ces deux fubftances hétérogènes,
tant le bafalte en fufion a la force de
preffer toutes les fubftances qu'il ren-

ferme , & d'en pénétrer les plus petits replis.

784. Nous obferverons ici que les bafaltes qui contiennent des noyaux de granit décompofés par le feu , font fouvent colorés d'un ou de deux , & quelquefois de trois iris concentriques. Leur couleur eft ordinairement un peu rougeâtre , & le centre de ces cercles eft le centre même du noyau de granit.

On diroit au premier abord que cette couleur n'eft qu'accidentelle , & qu'elle ne pénètre point dans le bafalte ; mais ayant coupé inférieurement cette colonne , le cercle s'eft trouvé plus petit, mieux coloré : fa diminution ne lui venoit que de fon plus grand éloignement du centre ; ce qui démontre que ces cercles ne font que des portions de fphère colorée , qui fe préfentent en cercles à caufe de la fection du bafalte. Ce qui m'a confirmé encore dans cette idée , c'eft qu'ayant coupé plus bas encore la colonne , les trois cercles avoient difparu , & il ne reftoit plus qu'un limbe fort peu apparent du dernier.

H 4

785. Les bafaltes ont donc quelquefois la force de volatilifer une des parties qui forment la fubftance du granit
qu'ils enveloppent , & cette portion
volatile peut encore émaner du centre
vers la circonférence ; car ce fluide,
quel qu'il foit, fe féparant ainfi du noyau
de granit , s'étend en forme de globe
dans l'intérieur même du bafalte vif,
comme une bulle de favon foufflée s'é-
tend en tous fens , & s'agrandit par
l'intufufception de l'air foufflé.

786. Or, l'homogénéité du bafalte
fondu , fes degrés de refroidiffement
très-uniformes , & conftamment les
mêmes , paroiffent contribuer à l'exten-
fion de ces iris qui ne font , à mon avis,
qu'une décompofition opérée par le feu
du bafalte qui agit violemment , dans
fon état d'ignition , contre ce minéral
incorporé dans le bafalte avec le granit
même.

787. Toujours eft-il certain que le
feu eft la première caufe de la formation de ces iris , & que le bafalte en
état de liquéfaction laiffe circuler, en

quelque manière, dans sa substance diverses sortes de fluides décomposés des corps qu'il contient ; & c'est déjà un pas de fait vers le grand réservoir des vérités inconnues que la seule succession de plusieurs découvertes doit dévoiler peu-à-peu aux curieux de la nature, & aux amateurs de ses opérations chimiques considérées en grand.

DES MATIERES VITRIFIÉES DANS LE BASALTE.

Après avoir décrit les substances calcaires, & granitiques insérées dans le basalte, il ne manque plus qu'à considérer les substances qui s'y trouvent sous une forme cristallisée, & qui paroissent avoir acquis cette forme dans le basalte.

788. Nous placerons à la tête de ces nouvelles matières les zéolites que j'ai trouvées dans les laves des volcans de Coupe d'Antraigues, d'Aubenas, du Pic-de-l'étoile, &c., tant dans les basaltiques que dans les spongieuses.

L'organisation de ces cristallisations

eft connue : des aiguilles vitriformes qui
partent du centre vers la circonférence,
occupent des creux de bafalte.

Expofées à un feu modéré, elles fe
fondent fans addition, elles fe préfentent alors fous l'afpect de lave poreufe grisâtre. J'en ai donné la théorie
dans le Tome I (600 & fuiv.)

789. Souvent un noyau eft contigu à
un, deux, trois & même quatre noyaux,
toujours d'inégale groffeur. On voit
alors un beau groupe de zéolites à rayons divergens.

790. Après avoir écrit la forme de
cette fubftance & examiné fa nature,
on ne peut fe refufer de placer fon
origine à l'époque de la torréfaction de
la lave enflammée. Sa grande fufibilité
femble éloigner l'idée d'une exiftence
antérieure. En effet, fi le noyau à rayons
divergens avoit été inféré avant la fufion
volcanique dans le bafalte même, cette
fubftance qui fe fond à un degré de feu
très-peu confidérable, eût été mife en
fufion par cette lave qui l'enveloppe de
tous côtés, comme cette même lave-

basalte a mis en fusion toutes les laves antérieures basaltiques ou fondamentales ,
ainsi que nous le démontrerons par divers
exemples ci-après : or , comme ces
noyaux fusibles se fondent à un degré de
feu bien moindre que celui qui est nécessaire à la fusion du basalte , il s'en-
suit que leur substance a été fondue à
l'époque de la totale fusion des basaltes
qui les contiennent.

791. Les formes géométriques , les
divisions en rayons divergens des cristallisations , ont été ensuite l'opération
de la diminution nuancée & exactement
graduée de la quantité de feu perdu par
le basalte depuis l'état d'incandescence
jusqu'à celui de parfait refroidissement ,
& cette diminution graduée combinée
avec le retrait de la matière contenue ,
& les autres causes de la formation de
la zéolite rapportées ci-dessus , en donnent la théorie.

792. Le feu ou l'eau sont les seuls agens
qui ont pu produire l'admirable cristallisation rayonnée dont il s'agit : mais
comme il paroît peu probable d'admettre

ici la criftallifation aqueufe, parce que
j'ai trouvé des zéolites dans des creux
ifolés inacceffibles à tout fluide, on doit
néceffairement exclure cette forte de
criftallifation de toutes celles qui ont
été formées par l'intermède de l'eau ; de
forte qu'il paroît que les noyaux difféminés dans le bafalte, ont été formés
de matière vitrifiable & d'un fondant
alcalin : le feu aura affimilé ces deux
fubftances ; leur affociation aura produit un tout homogène qui, quoique
enfermé dans la maffe totale hétérogène
des bafaltes, aura confervé fa nature,
& pris fes formes à l'aide du feu ambiant, & des degrés infenfibles de fon
refroidiffement.

La criftallifation peut s'opérer quelquefois par le feu auffi bien que par
l'eau ; les régules, les métaux refroidis
en donnent des preuves convaincantes :
il fuffit que la matière criftallifable in-
férée dans le bafalte incandefcent ait eu
peu d'affinité avec lui, pour qu'elle fe
foit confervée à part, & qu'elle ait été
criftallifée en zéolites qui ont pu être

formées par le feu dans les laves , & par l'intermède de l'eau dans le grès , &c.

793. Les choerls paroissent trouver leur place immédiatement après les noyaux à rayons divergens. Les choerls sont des cristaux formés par le feu volcanique , fusibles , sans addition ; ils se changent au feu en lave poreuse comme la zéolite ; ils affectent ordinairement des formes géométriques , cubiques , à cinq , à six côtés , &c. , quelquefois avec pyramide , & quelquefois sans pyramide ; ils se présentent souvent en forme d'aiguilles parallèles ; l'aimant les attire ; ils contiennent donc une certaine quantité de fer. Voilà les phénomènes sous lesquels se présentent les choerls volcaniques : les laves de tous les volcans du Vivarais en offrent plus ou moins ; mais le volcan du Pic-de-l'étoile m'en a fourni plus qu'aucun autre.

Les choerls se trouvent dans toutes les laves , mais sur-tout dans les laves poreuses des sommets du cratère de ce dernier volcan : ils sont très-fusibles : un degré de feu modéré les convertit en une fubftance fpongieufe & noirâtre.

794. La manière dont ces criftaux font implantés dans les laves, foit poreufes, foit bafaltiques, ne permet pas de refufer au feu des volcans leur formation. Leur grande fufibilité nous empêche de croire, d'ailleurs, qu'ils ont exifté tels avant l'éruption. En effet, comme ces laves-bafaltes fondent tout ce qui eft moins fufibles qu'elles, comme elles fondent même à leur paffage diverfes laves antérieures & fondamentales, jufqu'à une certaine profondeur, il paroît que ces bafaltes devoient auffi fondre les choerls, les préparer, leur donner la forme & l'état fous lefquels ils fe préfentent à nos yeux, puifquils font encore plus fufibles que le bafalte fondamental refondu par le bafalte incandefcent fuperpofé.

795. J'ai fouvent foumis à l'action d'un feu modéré divers morceaux de choerl plantés dans la lave poreufe. Ces deux fubftances fe fondoient bientôt, & à moins que je n'augmentaffe le degré de feu, les choerls après la fufion fe

conservoient séparément , sans aucun mélange avec la lave poreuse. J'ai soumis pareillement un bloc de basalte à l'action du feu. Une partie des choerls a coulé avant la fusion du basalte , l'autre partie s'est conservée avec lui , l'une & l'autre substance se sont fondues ensemble , & après le refroidissement j'ai trouvé les formes des choerls changées, & ses parties posées dans un autre sens : il arrive souvent néanmoins que le choerl se fond & se mélange avec ces substances.

796. Mais comment faire accorder ces raisonnemens avec les aiguilles de choerl décrites (228 & suiv. Tome I. de cet ouvrage) , & qui se trouvent implantées dans les quartz , dans les granits, &c ? Ces faits sont expliqués en quatre mots par le savant M. Ferber qui a si bien écrit sur les choerls qu'il regarde comme des productions du feu , & qui pense que la nature a diverses voies pour produire les mêmes résultats. Les lettres de ce Savant écrites à M. de Born Naturaliste distingué , an-

noncent un voyageur très-éclairé dans
la minéralogie & dans la science des
volcans.

797. Mais la preuve la plus convain-
cante de la formation du choerl par
le feu volcanique paroît au seul aspect
des choerls du volcan du Pic-de-l'étoile.
J'en ai deux morceaux de deux pouces
de diamètre boursoufflés comme la lave
poreuse , & j'en ai donné des échantillons à divers Naturalistes en 1777.

La matière paroît , dans ces substances , avoir manqué des conditions
nécessaires à la cristallisation. On sait
qu'il faut une gangue contenante pour
que les parties se combinent selon les
lois de la cristallisation & selon les formes des molécules constituantes qui sont
le type primordial de toute cristallisation : or , j'ai trouvé ces choerls sans
ordre , parmi des atterrissemens de lave
poreuse , vers le fond du cratère du
volcan du Pic-de-l'étoile.

BASALTE

BASALTES BLANCS OU GRÉS VOLCANIQUES.

798. Les plus beaux & les plus purs bafaltes blancs du Vivarais fe trouvent vers les fommets des montagnes les plus hautes de la Province : ils font fitués fous des laves poreufes rouges.

799. Ces bafaltes blancs auroient été enfouis pour toujours dans le fein des montagnes volcaniques de ces cantons, fi le befoin d'une pierre dure n'avoit donné de l'induftrie aux RR. PP. Chartreux : ils s'en font fervis pour les fenêtres, cheminées, &c., de la plus belle maifon qui ait jamais exifté fur ces lieux élevés : ils nous ont ainfi découvert des productions inconnues des volcans, qui ne contiennent pas du fer comme les autres laves.

800. Les fciffures ou fentes de ces couches de grès font perpendiculaires & horizontales ; elles fe coupent ainfi exactement à angles droits : les fciffures longitudinales forment un vide con-

Tome II. I

fidérable; fept à huit pouces de diftance féparent les carrières, tandis que
dans les divifions horizontales la couche fupérieure eft prefque adhérente
à la couche inférieure. Il exifte même diverfes couches parallèles voifines dont la divifion intermédiaire difparoît; une feule couche contiguë finit
ainfi deux couches qui lui font adhérentes, & forme un feul corps fêlé,
comme une glace dont la fente ne
s'étend que jufqu'au milieu. Voilà des
preuves convaincantes du retrait.

801. Toutes ces obfervations font
néceffaires pour bien établir les diffé-
rences qui exiftent entre le bafalte non
ferrugineux & la véritable lave-bafalte.
Dans celle-ci les divifions font ou
longitudinales ou fans aucun ordre fy-
métrique; dans celui-là, au contraire,
les divifions font horizontales & perpendiculaires.

802. Les diftances des bafaltes ferrugineux font prefque nulles; deux
bafaltes voifins font en apparence un
feul & même corps: ici, au contraire,

les divisions longitudinales font très-écartées.

803. Cette lave est fusible par elle-même, comme toutes les productions volcaniques; elle est plus pure que tous les granits connus, elle n'a aucune différence extérieure avec certains grès; il paroît même qu'elle avoit la même couleur dès l'époque de sa sortie du volcan enflammé souterrain. Il n'est point probable que ces basaltes blancs soient une dégradation de la lave ferrugineuse : la plus grande preuve que je puisse en donner, c'est que des laves poreuses rouges & martiales touchent immédiatement plusieurs coulées de ces basaltes blancs. Or, il n'est pas possible que le basalte compacte perde son fer jusqu'à trente pieds de profondeur par aucun agent, sans que les laves poreuses, rouges & tendres qui l'environnent, n'éprouvent aussi quelque altération.

804. D'ailleurs, nous avons apperçu dans ces laves blanches un système de division qui leur est particulier; les

I 2

maffes y font difpofées en couches prefque parallèles, comme fur le fommet
du Mezin, ou dans les environs de
Mezillac. On ne peut donc point affurer raifonnablement que le bafalte ferrugineux fe foit métamorphofé en bafalte blanc, ni que fes divifions longitudinales aient été changées en horizontales.

CHAPITRE V.

Du Basalte attiré par l'Aimant, & du Basalte aimanté.

ON distingue deux pôles dans l'aimant, l'un méridional & l'autre septentrional, eu égard à la force de cette pierre qui dirige vers les deux pôles du monde deux points opposés de sa surface.

L'aimant attire le fer dans quelque état qu'il soit, en état de minérai, caché & perdu dans la pierre, mêlé avec la matière vitreuse fondue, comme dans le basalte, les laves, &c.

805. Lorsqu'on présente le basalte au barreau d'acier aimanté, il est attiré par cet aimant artificiel qui obéit le premier à l'attraction à cause de sa mobilité ; & dans ce cas, c'est le basalte qui est attiré, & non point le barreau aimanté.

I 3

806. Or, il faut obferver que le bafalte a des pôles attractifs & répulfifs, ou plutôt des extrémités qui repouffent le pôle méridional de l'aimant, & d'autres qui l'attirent. On voit le barreau aimanté obéir à ces diverfes directions, lorfqu'il eft préfenté au bafalte.

807. Pour reconnoître quelle partie repouffoit & attiroit le barreau mobile dans une colonne bafaltique, je détachai d'une carrière de bafaltes, qui eft fous Antraigues, une colonne dont la pofition étoit verticale ; j'obfervai que la partie fupérieure attiroit, & que la partie inférieure repouffoit le pôle feptentrional de l'aimant.

808. Je jetai ce bafalte du bord d'un précipice dans la rivière inférieure, & je reconnus que la partie qui attiroit le pôle feptentrional du barreau aimanté, attiroit au contraire après fa chûte le pôle méridional.

809. Satisfait d'obferver ces faits dans les bafaltes, je foumis à l'épreuve du barreau aimanté plus de deux cents

bafaltes, tant fur place que féparés de leurs carrières.

810. Le bafalte gigantefque, qui eft fur une muraille voifine de la manufacture de papier à Antraigues, eft fort fain : il eft très-fonore & placé horizontalement du nord au midi : il pèfe au moins quarante quintaux, ce qui me facilita les expériences que j'ai faites fur ce bloc.

811. Non feulement ce lingot attire & repouffe le barreau aimanté, mais il eft aimant lui-même. Ayant préfenté à fa partie qui étoit en face du nord, de la limaille de fer très-menue, je l'ai obfervée adhérer à ce bafalte, tandis que l'extrémité oppofée rejetoit au contraire toute pouffière ferrugineufe.

812. Cette découverte me porta à examiner encore tous les bafaltes de même fite. J'obfervai dans les colonnes du Rigaudel, éloignées de ma réfidence d'un demi-quart de lieu, que tous les bafaltes qui avoient le même degré d'inclinaifon que le pôle de cette

I 4

Paroiffe, attiroient auffi les molécules ferrugineufes.

813. Les bafaltes coupés, exiftant encore fur la carrière, attiroient les molécules ferrugineufes ; mais les bafaltes qu'on coupoit à coup de marteau, perdoient cette force attractive.

814. Je me fuis apperçu, enfin, que quelques bafaltes que j'ai long-temps confervés dans ma chambre n'attiroient & ne repouffoient plus l'aimant par pôles déterminés ; mais que ces pôles étoient au contraire fans place diftincte dans le bafalte, ce qui pouvoit provenir peut-être de ce que ces bafaltes avoient perdu le fite naturel qui leur avoit permis de devenir aimant, comme le fer qui refte quelques années dans la même pofition. J'ai encore un grand nombre d'obfervations à faire fur cet objet : mon départ d'Antraigues pour Paris en 1778, a interrompu mes recherches locales : je retournerai un jour dans ces contrées, & je fuis perfuadé que je les continuerai fort à l'aife.

CHAPITRE VI.

Des Laves spongieuses.

815. APrès avoir décrit les laves compactes, telles que le basalte & le grès volcanique, il nous reste à traiter des laves spongieuses ou des écumes des volcans qui, quoique composées de fer & de matière vitrifiable, sont tellement boursoufflées & raréfiées par l'action des feux souterrains, que la plupart surnagent à l'eau, tandis que la lave basalte est la substance la plus pesante qu'on connoisse dans l'ordre lithologique.

Nous suivrons toujours la méthode du plus connu & du plus simple, vers le moins connu & le plus compliqué : ainsi nous subdiviserons cette partie en plusieurs autres, pour ne rien confondre.

1°. Nous donnerons une définition des laves rouges & poreuses : 2°. nous traiterons de la lave figurée & non figurée : 3°. nous examinerons avec le microscope la lave qui a été recuite par les feux d'une seconde lave postérieure & enflammée : 4°. enfin, nous parlerons des corps étrangers conservés dans cette autre espèce de lave, accordant à la pouzolane un chapitre séparé à cause de son utilité particulière.

816. Les laves proprement dites sont des pierres spongieuses ; la plupart font une très-légère effervescence avec les acides ; elles sont attirables par l'aimant, & par conséquent ferrugineuses ; elles donnent des étincelles lorsqu'elles sont battues avec le briquet ; elles n'ont besoin que d'un feu peu considérable pour entrer en fusion ; elles perdent alors leur couleur ordinairement rouge, & deviennent d'un noir très-obscur ; elles se changent enfin en un verre très-noir & très-compacte, lorsqu'on administre un feu violent.

Dans le Bas-Vivarais la lave spongieuse se trouve en petite quantité en comparaison de la lave basalte qui lui

eft toujours inférieure en pofition : elle
eft par conféquent de formation antérieure. Sur les hautes montagnes du
Vivarais elle n'eft pas dominante ;
mais elle s'y trouve par couches horizontales dans plufieurs endroits, à caufe
de l'horizontalité du fol & de l'antiquité des volcans dont l'injure des
temps a effacé les cratères , & tranf-
porté dans la plaine les pics faillans
de laves fpongieufes rouges.

817. J'ai été long - temps dans la
croyance que cette lave fpongieufe
n'étoit qu'une modification du bafalte ,
qui , plus cuite & plus légère , laiffoit
couler au fond celui-ci , tandis qu'elle
furnageoit & occupoit toujours les
fommets.

818. Cette lave poreufe n'eft réellement qu'une forte d'écume ; fi on
veut en avoir une idée la plus nette ,
on doit fe repréfenter les écumes ou les
bulles que les enfans font élever de l'eau
favonnée en foufflant : fi ces écumes fe
pétrifioient dans l'inftant, elles préfen-

teroient la véritable forme des laves poreuses.

819. Mais cette première idée de l'homogénéité de la lave-basalte avec la lave spongieuse m'a paru fausse, lorsque je me suis convaincu qu'il y avoit des volcans de pur basalte, & d'autres volcans de pure lave rouge poreuse, & lorsque j'ai vu, enfin, que dans les volcans qui ont vomi & du basalte & des laves poreuses, il falloit distinguer deux éruptions séparées, celle des basaltes antérieure, & celle des laves poreuses plus moderne. Nous prouverons par des faits la vérité de cette assertion, en traitant en détail ces objets divers, & l'histoire particulière & chronologique des volcans.

820. La lave poreuse n'est donc point la *matière scorifiée* du basalte, comme on le croit dans le pays. Composée de principes très-purs, elle fond dans l'instant, & beaucoup plus vîte que le basalte : elle abonde en fer & en matières terrestres vitriformes ; elle en renferme quelquefois de calcaires,

puifqu'elle éprouve fouvent l'action
des acides. Elle n'eft donc point la
craffe, ni une partie étrangère féparée du bafalte dans les voûtes incen-
diées, ni hors de ces laboratoires.

Nous verrons, d'ailleurs, que le bafalte affecte quelquefois la forme de la
lave poreufe dont il ne diffère que par
le poids & la couleur. Son poids eft
alors beaucoup plus confidérable que
celui de la lave poreufe rouge, & fa
couleur eft très-noire, tandis que la
véritable lave fpongieufe eft rouge,
comme nous l'avons dit très-fouvent.

Le nom de *fcorie* eft donc très-im-
propre à la lave fpongieufe rouge ; &
fi l'on fait attention que les fcories font
dans les métaux fondus des fubftances
hétérogènes expulfées par le métal dont
les parties, à caufe de leur affinité,
s'approchant les unes des autres, laiffent à part ces matières étrangères qui
reftent informes, l'on verra que ce
nom ne fauroit appartenir à la lave
fpongieufe.

822. Il eft vrai que la lave poreufe

rouge a la plus grande analogie poſſible avec la lave-baſalte. L'une & l'autre ſont attirables par l'aimant, l'une & l'autre ſont ferrugineuſes & compoſées de matières vitriformes qui ſont un des principes de leur maſſe.

823. Mais elles diffèrent l'une de l'autre, en ce que la lave-baſalte eſt l'ouvrage d'une éruption antérieure à celle qui a vomi les laves poreuſes rouges, comme nous le démontrerons dans l'hiſtoire détaillée des volcans.

Les qualités chimiques de l'une & de l'autre ſubſtance diffèrent d'ailleurs dans ces deux ſortes de laves, puiſque M. Sage avec qui nous ſommes d'accord dans cette partie, comme dans pluſieurs autres, a trouvé des nuances dans ſes opérations, qui ont engagé ce Chimiſte à les ſéparer.

LAVE SPONGIEUSE FIGURÉE.

824. Comme le baſalte a reçu, en ſe refroidiſſant, les formes les plus ſingulières, ainſi que nous l'avons vu (646

à 724, &c.), les laves rouges ont acquis aussi des formes par la fusion, qu'il est nécessaire de décrire. Et pour en concevoir la formation, il faut observer qu'en descendant de la montagne enflammée, la lave se moula quelquefois en forme de stalactite semblable à une pâte liquide : il fallut même, pour que la stalactite fut bien formée, que la coulée de matière se figeât à *mi-chemin*, & qu'elle ne fût arrêtée par aucun obstacle pendant sa descente. J'en ai trouvé plusieurs qui avoient toutes ces conditions sur la montagne de Coupe d'Antraigues : je puis même assurer qu'elles s'étoient conservées dans leur primitive position : elles étoient avoisinées par d'autres coulées de lave qui ne faisoient ensemble qu'un seul & même corps. En brisant ces stalactites énormes, elles présentoient dans leur intérieur une organisation singulière. Les boursoufflures ou les vessies de cette sorte de lave, ne sont point globuleuses, mais longitudinales & presque insensibles, semblables, en quelque forte , aux pores du bois de noyer obfervés au microfcope. Voilà la pre- mière forme de la lave poreufe rouge : en voici d'autres plus compofées.

825. Souvent ces laves rouges font figurées en nœuds ; on eft étonné de voir trois ou quatre coulées de lave rouge entrelaffées enfemble , comme une corde bien nouée. On voit claire- ment que les nœuds ou les entrelaffe- mens font parfaits , parce que dans toutes fes circonvolutions la corde de lave conferve le même nombre de raî- nures ou de filets depuis le bout de la corde , hors du nœud , jufqu'à l'autre bout qui eft auffi hors de ce nœud. J'en ai envoyé divers morceaux à l'Aca- démie de Nifmes en 1777.

826. Lorfque ces laves rouges eurent été expulfées du fein enflammé du vol- can , elles fe moulèrent fur le premier terrain propre à les recevoir. Là elles fe refroidirent peu à peu de telle forte , que leur fuperficie commença d'abord à fe refroidir, à caufe du contact avec l'air infiniment plus froid que la matière incandefcente ,

Incandescente , & à cause du contact immédiat avec la montagne qui ,
avant l'éruption des laves poreuses
rouges , n'étoit qu'un amas de corps
froids , & de la même température que
celle de l'atmosphère.

827. D'après ces faits & ces observations , il paroît que si la superficie de
ces torrens de lave commence à se refroidir la première , il s'y formera une
croûte solide, tandis que l'intérieur ne se
refroidira que long-temps après : or pendant ce refroidissement il se forme de
part & d'autre des fêlures , des fentes ,
des crevasses ; & si l'on doutoit de la
vérité de ces assertions , nous invite-
rions le lecteur à mettre en fusion un
certain amas de laves poreuses rouges ,
à le laisser refroidir sur quelque corps ,
& il verroit de ses propres yeux combien les laves éprouvent de condensa-
tion lorsqu'elles se refroidissent après
une torréfaction antécédente , & combien les masses se divisent , se gercent
& se fendent en se refroidissant.

828. De ces refroidissemens anté-

Tome II. K

rieurs dans la superficie des laves fondues, il suit nécessairement que la lave devenant plus compacte lorsqu'elle se refroidit, que lorsqu'elle étoit dans son état d'ébullition, est plus pesante spécifiquement lorsqu'elle est froide, que lorsqu'elle étoit en état de liquéfaction; elle doit donc comprimer & peser davantage sur la lave antérieure non encore refroidie, & comme elle est d'ailleurs divisée & gercée en divers sens, la lave inférieure se fait jour au dehors, & passe à travers les fentes de la superficie que nous avons observée plus massive.

829. Et comme d'ailleurs cette lave intérieure incandescente, qui se fait jour à travers les croûtes de lave, est très-épaisse & très-peu fluide, elle sort à travers ces fentes en forme de pâte; elle conserve même le moule de son passage : si ces fentes sont en forme de trous irréguliers, la matière qui en sort porte l'empreinte de ces formes, & à mesure que cette matière s'alonge en sortant, elle conserve d'un bout à l'au-

tre toutes les rainures & des filets du
lieu de paſſage ; de ſorte que ce qui
étoit ſaillant dans la fente de paſſage ,
devient rentrant dans la lave qui en ſort,
& vice verſâ.

Obſervons à préſent les détours de
la lave qui ſort ainſi à travers ces fentes.
830. A meſure que cette matière viſ-
queuſe ſort , ſe trouvant pouſſée par les
laves inférieures qui tendent auſſi à ſe
faire jour , elle monte en haut ; bientôt
ſon propre poids la précipite ; ſans ceſſer
de faire corps avec celle qui ſort toujours , elle forme d'autres élévations &
d'autres circonvolutions. De là tous les
détours & toutes les ſinuoſités , en toute
ſorte de ſens indéfiniſſables , que prend
cette matière. On conçoit , par exemple , qu'une corde qu'on feroit paſſer
à travers une ſurface horizontale de la
ſuperficie inférieure vers la ſupérieure ,
ſe plieroit & ſe replieroit ſur elle-
même à meſure qu'elle ſortiroit : c'eſt
là une image très-reſſemblante de ce qui
ſe paſſe ſur la ſuperficie d'un torrent
ou d'une maſſe quelconque de lave po-

reufe qui fe refroidit. Voyons les blocs informes de la même fubftance.

831. La lave poreufe rouge fe trouve rarement fous cette forme régulière ; car on conçoit , par tout ce qui a été dit , qu'il n'y a que quelques parties intermédiaires qui fe faffent jour à travers les fentes : les laves de cette nature font plutôt en amas immenfes & confus: tous les cratères des volcans du Bas-Vivarais ne font formés que de ces fortes de laves rouges , mobiles comme le fable , foit parce qu'elles font divifées en blocs peu volumineux , foit parce qu'elles n'adhèrent enfemble par aucune terre , ni aucun autre intermède. Elles font d'ailleurs peu pefantes & réfiftent moins , par conféquent , à l'action des pluyes , des vents , & de tous les agens deftructeurs des montagnes. Dans le Haut-Vivarais où règnent des vens impétueux & toute forte de mauvais temps , ces cratères font effacés à caufe de la mobilité de ces laves poreufes rouges , & de l'antiquité de ces bouches ignivomes : il n'exifte que les

volcans de Coupe à Antraigues & à Jaujac, les deux Gravènes & quelques autres qui font placés dans des vallées, & qui ont brûlé d'ailleurs dans des temps poftérieurs à ceux du fommet des montagnes volcaniques du Bas-Vivarais, qui confervant encore leurs cratères & toute leur forme primitive & conique, telle que celle des volcans en éruption du Veſuve, de l'Hécla, de l'Etna, &c., annoncent des éruptions plus récentes.

832. Souvent ces corps étrangers contenus font fendus d'un bout à l'autre, & ces fentes font même difpofées quelquefois en zig-zag dans l'intérieur de ces corps: alors la lave pénètre toujours dans ces fentes & les remplit parfaitement. Les filons de lave occupent ainſi les plus petits replis du corps étrangers félé; & plufieurs filons prefque invifibles à caufe de leur petiteffe, deviennent apparens à l'aide du microfcope.

Si l'on fait fondre ces noyaux, les laves concentriques qui les entourent fe ramolliffent les unes après les autres,

K 3

& se séparent du noyau qui reste seul; il montre alors, par ses angles saillans & rentrans, qu'il a servi de type aux laves juxtaposées.

833. La lave spongieuse renferme les substances que nous allons nommer, ou la plupart d'entre elles. 1°. Globules blancs de nature calcaire formant avec la lave poreuse rouge ce qu'on appelle *peperino* : ces globules font une légère effervescence avec les acides ; ils dominent dans les laves des dernières éruptions des volcans qui ont enfanté à travers les roches calcaires du Coiron. 2°. Choerls en groupe, isolés, de diverses figures géométriques ; on trouve ces matières dans les laves poreuses de tous les volcans. 3°. Noyaux de matière *vitrifiée* à divisions divergentes du centre à la circonférence, ou zéolites. 4°. Soufre pur remplissant exactement tous les vacuoles des laves poreuses : ce soufre s'allume au feu comme le soufre ordinaire ; il se trouve en filons dans les laves des volcans du Coiron du côté de *Boulè-*

gue , & sous les laves du volcan du mont de Coupe d'Antraigues du côté de Juvinas. 5°. Des grains de quartz bien conservés. 6°. Des granits pulvérulents. 7°. De l'argile calcaire avec effervescence lorsqu'on l'expose à l'action des acides. 8°. De l'argile sans effervescence. 9°. Du grès très-bien conservé. 10°. De la pierre calcaire bien conservée , &c. &c.

DE LA LAVE POREUSE RECUITE PAR DES TORRENS DE LAVES SUPÉRIEURES DANS L'ORDRE DE POSITION , ET INFÉRIEURES DANS L'ORDRE DES TEMPS.

834. Les laves dont nous avons parlé jusqu'à présent fondent toutes sans addition. Il faut administrer un feu considérable pour la lave-basalte ; mais la lave poreuse fond le plus aisément : on n'a qu'à la jeter sur des charbons ardens , diriger un courant d'air sur le feu ; peu de temps après la lave rouge se liquéfie & coule de toutes

K 4

parts ; elle fe bourfouffle en fe refroidiffant , elle perd la plus grande partie
de fon ancienne dureté , & fe pulvérife
le plus aifément entre les doigts lorfqu'on la preffe tant foit peu ; fa couleur rouge fe change enfuite en une
couleur noire très-opaque , d'autres
fois il refte des nuances de violet & de
rouge confufément combinés fur un
fond noir. Si l'on adminiftre enfin un
feu violent , la lave fe change en verre.

835. Plufieurs couches de lavés refondues par des courans d'autres laves
plus récentes , ont été décompofées de
la même manière par les laves incandefcentes fuperpofées , fupérieures en
pofition , & par conféquent de date
poftérieure aux couches noires inférieures.

836. On conçoit que fi , après la
formation d'une couche de lave rouge
& refroidie , une feconde couche vient
fe mouler fur la première qui lui eft
inférieure , celle-ci , déjà refroidie ,
éprouvera toute la chaleur de la précédente , fa maffe incandefcente com-

muniquera une partie de sa chaleur à l'inférieure ; elle la mettra en fusion , & détruira par conséquent son système de division , ses anciennes gerçures , & d'un amas informe elle en fera un tout uniforme & contigu ; qui , sans se mélanger avec la couche enflammée supérieure , conservera néanmoins sa première position.

837. Voilà ce qu'on observe sur toutes les montagnes à cratères. Ces montagnes commencent aujourd'hui à se détruire , elles perdent leur forme conique , des ravins qui se forment depuis le cratère jusqu'au pied déchirent & excavent ces diverses couches superposées, ouvrage de plusieurs éruptions , & laissent à découvert des manteaux concentriques qui enveloppent toutes ces montagnes , si l'on peut se servir de ce terme très-expressif. On juge alors très-facilement de l'action réciproque de chaque couche l'une sur l'autre , & de la date respective des unes & des autres ; objet qu'on ne doit pas négliger , puisque ces observations

locales peuvent feules élever le Naturalifte jufques aux temps paffés, &
l'inftruire des événemens chronologi-
ques de la nature.

838. La lave poreufe noire & récuite
qu'on trouve fur toutes les montagnes
volcaniques au-deffous du dernier manteau extérieur du volcan, eft d'une
friabilité finguliere ; elle fe pulvérife par le plus petit effort, & femble
devenir alors une forte de cendre qui
fait de l'excellent ciment : nous en parlerons dans un article féparé & con-
facré à cette partie. Nous obferverons
feulement, en paffant, que ces laves
noires recuites offrent la plupart, dans
certains endroits, des nuances de toute
forte de couleurs : le rouge, le bleu,
l'indigo, (mais non pas le jaune, ni
le vert, couleurs trop éloignées de
celles fous lefquelles le fer fe dé-
guife) émanent de ces amas de lave
qui tendent à un état prochain de pulvérulence.

839. Ces laves poreufes refondues
contiennent fouvent des corps étran-

gers très-bien confervés, & d'autres qui font quelquefois altérés dans leur conftitution.

840. Le volcan de Coupe d'Antrai-gues, par exemple, offre une infinité de noyaux à couches de lave concen-triques, qui renferment dans le milieu de la maffe un morceau tantôt de gra-nit, tantôt de pierre calcaire, tantôt de fchifte pourri, ou peut-être altéré par l'action du feu ambiant. Quelques fois des morceaux de choërl forment la bafe de ces fortes de noyaux.

CHAPITRE VII.

De la Pouzolane. Première découverte de cette matière précieuse en France. Description de cette substance. Métamorphose des Laves spongieuses en pouzolane. La Pouzolane du Vivarais connue des Romains. Variétés de la Pouzolane. I. Pouzolane quartzeuse. II. Pouzolane avec matières calcaires. III. Pouzolane pulvérulente. IV. Pouzolane argileuse. Pouzolane & Moellon employés au ciment. Expériences faites à Antraigues sur la Pouzolane du Volcan de Coupe. Théorie de ce Ciment.

MR. Guettard a découvert le premier les pouzolanes de la France méridionale : on trouve dans les mémoires de l'Académie, année 1753, pag. 63, ce qui suit. » Lorsqu'on voudra » employer de la pouzolane dans les » bâtimens, on ne sera plus dans

» l'obligation d'avoir recours à l'Ita-
» lie, comme l'on fit sous le règne
» précédent pour quelques bâtimens
» royaux. . . . . . (M. Colbert avoit
» donné ordre que tous les vaisseaux
» qui toucheroient vers Pouzole en
» Italie, se lestassent avec cette es-
» pèce de sable ou de gravier.) : l'on
» pourra en tirer de Volvic, du Puy-
» de-Domme & de plusieurs autres
» endroits de la France : c'est ce dont
» j'ai déjà averti dans un mémoire sur
» les volcans éteints de l'Auvergne.
Voyez mém. de l'Acad., année 1752,
pag. 27.

841. La lave spongieuse incandescente est douée d'une force considérable ; le feu des souterrains embrasés
opère cette dilatation, & comme cette
matière est extrêmement gluante & tenace, sa viscosité la fait étendre en
bulles écumeuses, adhérentes les unes
aux autres, & d'autant plus grandes,
que le feu ou l'*extensibilité* de la matière fondue sont plus considérables.

842. Un morceau de lave poreuse

obſervé au microſcope , & même à
l'œil ſimple , n'eſt qu'un amas de petites bulles ajuſtées les unes aux autres ,
& formant ainſi un tout qui n'eſt qu'une
écume pétrifiée.

843. La communication d'une bulle
à l'autre , ſe fait ſouvent par des petites ouvertures rondes , où la bulle
en ſe développant & en augmentant a
manqué de matière : d'autres fois ces
bulles ſont fermées de tous côtés. La
mie du pain bien cuit préſente les
mêmes faits.

844. Lorſque la lave eſt très-po-
reuſe , & que ſes pores ſont grands ,
la maſſe compoſée de tous ces globes
s'écraſe aiſément par une preſſion peu
conſidérable ; ſon grand volume (ſemblable à l'écume qui ſe convertit enfin
en eau) diſparoît , & le bloc de lave
pulvériſée diminue de volume d'une
manière étonnante.

845. Cette grande friabilité des laves les expoſe à paſſer ſans ceſſe de
l'état *ſolide* à l'état *pulvérulent* ; l'eau
détruit leur texture primitive, de ſorte

qu'après une pluie un peu forte , les
eaux qui descendent des élévations des
montagnes volcanisées sont toutes rouges , & si on laisse reposer cette eau
dans un vaisseau , il se forme au fond
du vase une boue rouge qui n'est
autre chose que de la pouzolane la
plus pure & la plus divisée.

846. Les gelées opèrent tous les ans
cette destruction avec plus d'efficace
encore. Lorsque l'eau s'insinue dans
ces laves spongieuses , elle en dilate
pendant sa congélation toutes les petites cellules qui sont écrasées par cette
dilatation ; & pendant le dégel des
neiges il coule ensuite du sommet de
ces montagnes volcaniques des ruisseaux de fange , des détritus de laves ,
qui s'étendant dans les vallées inférieures ou dans la plaine , s'y mélangent
avec les terres végétales , s'imprègnent
de sels , s'imbibent d'eau , & deviennent les meilleurs terrains pour la végétation.

847. Ces fanges volcaniques perdent
alors leur couleur rouge , & se mélan-

gent à la longue avec la maffe totale
des terres antérieures ; on ne les re-
trouve même qu'en lavant ces terres
à plufieurs reprifes : à force de les
dépouiller ainfi des huiles, des matières végétales pourries, & de toutes
les matières étrangères avec lefquelles
elles font combinées, on parvient enfin à les reconnoître.

848. Toutes les fois que la matière
vitriforme ou calcaire qui conftitue ces
terres eft moins pulvérulente que la
matière volcanique, le lavage de ces
terres emporte les matières les plus
divifées, & il ne refte au fond que
le fable *calcaire* ou *vitrefcible* qui,
à caufe de fa groffeur, n'a pas été
délayé par le lavage : il eft toujours mélangé avec quelques parcelles
de lave de même volume.

849. Nous montrerons dans le cours
de cet ouvrage combien les terres qui
reçoivent ainfi le détritus des laves
des volcans, font favorables à la végétation & fur-tout à la vigne.

850. Le territoire de Villeneuve-
de-

de-Berc, par exemple, eſt compoſé de détritus des matières volcaniſées provenus autrefois ou qui proviennent encore tous les jours de la deſtruction des laves des volcans du Coiron qui verſe ſes eaux pluviales du côté de Villeneuve. Tous les environs de la montagne du Coiron ſont embellis des plus belles métairies où le territoire paroît être un mélange de terres calcaires & volcaniſées. Or, nous verrons dans la ſuite que les vins exquis de cette Ville & des environs du Coiron, doivent leur bonté à ces ſortes de terre, comme le célèbre *Lacryma-Chriſti* d'Italie doit la ſienne aux terroirs volcaniſés de ces contrées.

851. La pouzolane triturée, mais non mélangée avec ces terres hétérogènes, a la propriété de fondre de nouveau, & de ne faire en ſe refroidiſſant qu'un ſeul & même corps : cette obſervation que tout le monde peut confirmer par le fait en expoſant au feu les pouſlières volcaniques, démontre que ces ſubſtances pulvériſées

Tome II. L

ne font point une chaux de lave, comme les chaux des métaux qui, après avoir été calcinés, ne laissent qu'une forte de fcorie qui fe revivifie, lorfqu'on lui rend ce que les Chimiftes appellent le *Phlogiftique*. Ces expériences décifives annoncent, je crois, que ces laves pulvérulentes ne font point le produit d'aucune calcination, puifqu'elles confervent toutes les propriétés des laves cellulaires, & que les unes & les autres fondent, fe refroidiffent & refondent de nouveau fans l'addition d'aucune des fubftances nommées *Phlogiftiques*. Le verre & le fer fe confervent donc toujours dans leur intégrité, & ces deux fubftances fe manifeftent dans toutes ces fufions, quoique les laves aient été pulvérifées dans l'intérieur même du volcan qui les vomit quelquefois, comme nous l'avons vu, en forme de pluie de cendre.

852. Quant à la métamorphofe des laves fpongieufes folides en fubftances argileufes, je crois qu'elles font fou-

mifes fans doute aux diffolvans généraux de la nature ; mais leur étonnante porofité me fait croire que les
gelées agiffent encore fur elles avec
plus de puiffance. J'ai obfervé, en effet,
des blocs cubiques de lave fpongieufe
rougeâtre, qui avoient été employés,
il y a environ trente ans, à bâtir une
petite muraille vers le pied du volcan
de Coupe : or, cette pierre avoifinée
de plufieurs autres plus petites & femblables, s'eft métamorphofée en argile, & le bon Vieux qui l'avoit fa-
çonnée m'a affuré qu'il n'avoit jamais
employé de l'argile pour bâtir fa muraille. J'ai obfervé encore fous le Mezin d'autres murailles compofées en
partie de laves coupées en cubes &
changées en cubes d'argile ; d'autres
étoient devenues pulvérulentes : il faut
donc croire que les gelées & autres
agens métamorphofent ainfi tous les
jours, & dans peu de temps, ces productions volcaniques, comme ils ont
détérioré des quartiers énormes de pierre calcaire de l'Amphithéâtre de Nifmes,

par exemple, que les Romains n'employèrent jamais dans cet état de décomposition. Ces agens ont dégradé encore des grès, des granits secondaires, des briques, que j'ai observés sur les murs de l'Eglise de l'Argentière & ailleurs; matériaux que les ouvriers n'employèrent jamais dans cet état en élevant ces beaux monumens. Après ces vues préliminaires, nous entrerons dans quelque détail sur l'histoire économique de la pouzolane, & ensuite sur le ciment dont elle est la base.

853. Les Romains si éclairés dans les sciences & les arts utiles à un État, employèrent cette substance, sur-tout dans les cimens qui devoient résister à l'action des eaux. Pline le Naturaliste & Vitruve parlent de cette sorte de lave dans plusieurs endroits de leurs ouvrages.

Les arts suivirent ces conquérans du monde dans tous les lieux qu'ils soumirent à leur empire. J'ai observé des restes d'aqueducs de l'ancienne

Albe, cité des Gaules & capitale des Helviens (ou du Vivarais), & ces cimens, malgré l'étonnante fucceffion d'années écoulées depuis qu'ils ont été compofés, paroiffent auffi compactes que le marbre le plus vif.

854. J'ai obfervé en 1777, parmi les décombres de cette ancienne Ville, des cimens faillans, tandis que les pierres granitiques avoient été détériorées, & en partie pulvérifées. Les Romains reconnurent donc en Vivarais les fubftances volcanifées dont ils fe fervoient à Rome pour la conftruction de tant de monumens qui ont triomphé des révolutions de leur République, & ils employèrent les mêmes laves qui font l'objet de nos recherches.

Après avoir obfervé la pouzolane fous ces points de vue généraux, nous devons la confidérer en particulier dans fes variétés.

855. La pouzolane, d'après ce que nous en avons dit, paroît *une* de fa nature, foit qu'on la pulvérife, ou

L 3

que la nature l'ait rendue elle-même pulvérulente, ou qu'elle ait été totalement changée en argile pâteufe. Dans tous ces cas elle eft toujours un produit des volcans qui ne change que de forme ; mais elle varie étrangement par les fubftances hétérogènes qu'elle contient.

I. Pouzolane quartzeuse.

856. Lorfque les volcans ont enfanté à travers les roches granitiques, lorfque les maffes embrafées ont été expulfées de l'intérieur du globe en état d'ignition, ou en forme de fleuve enflammé, je m'imagine que les ébranlemens, les efforts du feu contre tous les obftacles, & contre les montagnes granitiques entaffées fur le feu fouterrain, triturèrent les roches ambiantes granitiques ou calcaires : de là ces décombres de quartz mutilés, moulus, &c., enfevelis dans les laves fpongieufes. La force qui changea enfuite en argile ces laves, ne put attenter

à la dureté de ces déblais quartzeux.

II. POUZOLANE CALCAIRE.

857. Verſant à travers des terrains calcaires, & quelquefois roulant ſes courans dans la vaſe de la mer, lorſqu'elle inondoit les baſſes montagnes d'Aubenas, de Rochemaure, &c., ces laves pouzolaniques ſe mélangeoient avec des matières calcaires pulvériſées; d'autrefois (comme il eſt arrivé à quelques courans du volcan d'Agde) ces laves ſpongieuſes recevant dans leurs vacuoles l'eau de la mer, devinrent la gangue de pluſieurs criſtaux ſpathiques; & ces laves ſpongieuſes étant enſuite devenues pulvérulentes, ont laiſſé ces criſtaux iſolés qui ſont dans ces laves une ſubſtance hétérogène qui dérange l'uniformité des phénomènes du ciment pouzolanique dans le moment qu'il devient ſolide.

III. POUZOLANE PULVÉRULENTE.

858. Je prends la lave ſpongieuſe dans

L 4

le moment où, n'étant point changée
en argile, elle n'est encore que pulvérulente & âpre au toucher ; il y en a
de rouge, de noire & de jaunâtre,
comme celle du volcan d'Agde.

On conçoit que les forces de la
nature qui changent en argile les laves fpongieufes, ne triturent point tout-
à-coup ces laves cellulaires ; cette métamorphofe eft le réfultat de plufieurs
actions fucceffives. Je prends donc ces
laves fpongieufes, autrefois folides &
cohérentes à l'époque de leur demi-
changement en argile, & je les appelle *pouzolane pulvérulente.*

859. Je place dans la même claffe
les laves noirâtres recuites par des courans fupérieurs : telles les pouzolanes
du volcan de la Gravène de Montpezat, &c.

860. Tous les fables volcaniques,
enfin, emmenés par les eaux pluviales,
font de la même efpèce ; mais ils ne
font point auffi purs que les précédens qui fe trouvent, ou dans les
cratères, ou fur la pente de la mon-

tagne ignivome, comme fur le mont de Coupe du côté de l'orient.

IV. POUZOLANE ARGILEUSE.

861. Un peu au deſſus de la Chartreuſe de Bonnefoi, & dans pluſieurs autres lieux, ſe trouvent des amas conſidérables de lave graſſe & onctueuſe lorſqu'elle eſt humide, dure comme la pierre lorſqu'elle eſt congelée, renfermant des noyaux de lave ſpongieuſe rouge ou noirâtre, qui n'eſt pas encore décompoſée comme la coulée contenante.

862. Si quelque objet mérite l'attention du Naturaliſte, ce ſont ces laves pâteuſes formées de globules de diverſes couleurs, mais de même nature.

863. Pour en avoir une idée nette, il faut ſe repréſenter ces marbres poudingues formés de divers petits cailloux aglutinés, dont les eſpaces intermédiaires ſont exactement remplis d'une ſubſtance compacte.

Dans nos pouzolanes argileuſes, il eſt

pareillement de petits corps ronds contenus ; mais ces corps & la matière qui les contient font en état argileux.

864. Voilà les quatre afpects principaux fous lefquels fe préfentent toutes les pouzolanes du Vivarais , qu'on peut employer au ciment ; les variétés fecondaires , en couleur , en plus grande ou moindre folidité , &c. , peuvent toutes fe rapporter à quelqu'une de ces quatre efpèces. Voici comment j'ai reconnu la propriété de cette fubftance.

865. Au mois de juin 1777 , un Payfan d'Aifac s'avifa de fe fervir d'une terre pulvérulente que la pluie avoit entraînée de la montagne volcanique de Coupe , & qu'elle avoit dépofée , en forme d'amas , un peu à côté du chemin qui conduit au Château de la Baftide , dans le ruiffeau qui fépare ce volcan d'avec la montagne granitique qui eft du côté du midi.

866. Cette lave rougeâtre , déblais de la lave fpongieufe , fut employée au ciment comme le fable quartzeux

dont on fe fert dans ces cantons ; mais à peine eut-il été mélangé felon les proportions accoutumées dans ce pays, qu'il devint folide comme la roche, & l'ouvrier fut très - étonné de cette aventure.

867. J'appris le fait à Antraigues le mois d'août fuivant, & m'étant tranf-porté à Aifac, je reconnus ce ciment ; il faifoit effervefcence avec les acides, il étoit auffi dur que la pierre, & fa contexture annonçoit une criftallifation opérée dans peu de temps.

868. Je parvins moi-même à faire les mêmes expériences que ce bon Pay-fan : je choifis les mêmes matériaux, je mélangai dix livres de chaux d'Au-benas, & dix livres de pouzolane du volcan de Coupe d'Antraigues : je pré-parai le tout dans un baquet de gra-nit en quarré long ; bientôt ces ma-tières s'aglutinèrent fi bien, que le ba-quet contenant, déjà fendu, acheva de fe fendre d'une extrémité à l'autre ; mais le ciment éprouva un retrait de plufieurs lignes.

869. J'effayai dès lors plufieurs autres fubftances : trente livres de lave argileufe & autant de chaux me donnèrent le même réfultat, & j'obfervai qu'il fe faifoit toujours un retrait dans la matière.

Les cimens des Romains obfervés à Aps m'avoient appris, peu de jours auparavant, que le ciment pouzolanique renfermoit de petits blocs d'un pouce ou de huit lignes qui rempliffoient les efpaces. J'appris d'un autre côté que le ciment dont la pouzolane formoit un ingrédient, devoit renfermer de la blocaille. Je reconnus combien cette pratique étoit judicieufe ; car ayant mélangé vingt livres de blocaille, vingt livres de chaux & vingt livres de pouzolane, le mélange durcit dans peu de temps fans aucun retrait.

870. J'effayai bientôt diverfes fubftances volcaniques, je me fervis de laves pour blocaille, j'employai le granit en gravier, les petits cailloux calcaires & diverfes autres matières ; & toutes ces expériences me confirmè-

rent dans l'idée que la pouzolane étoit une fubftance qui a la propriété de durcir dans un très - petit efpace de temps.

871. Le profpectus de Mr. Faujas de Saint-Fond, divers ouvrages qu'on me communiqua, tant anciens que modernes, me confirmèrent dans l'idée où j'étois. Et comme je reconnus que ce n'étoit point une découverte ignorée, je laiffai avec joie à des Naturaliftes qui avoient examiné cette fubftance, le foin de publier fes propriétés & d'en tirer parti.

Mr. le Baron de Diétrich, correfpondant de l'Académie royale des Sciences de Paris, croit, au fujet de la pouzolane, que la qualité ferrugineufe des laves leur donne cette liaifon & cette dureté. » La chaux de fer, (dit-il dans les lettres de Mr. Ferber qu'il a enrichies de tant de notes précieufes) » a en général la propriété » de lier les parties terreftres ; car » on remarque que les fcories des » fourneaux de fonte de fer font un

» très-bon effet dans les cimens. Quoi
» qu'il en foit, les Romains ont bien
» reconnu le bon ufage de la pouzo-
» lane ; ils l'ont employée dans tous
» leurs mortiers, quand ils ont pu
» s'en procurer. A fon défaut, ils
» fubftituoient la brique rouge pilée
» qui, étant auffi une terre vitrifiée un
» peu ferrugineufe, devoit la remplacer.

872. Un efprit purement critique &
difficile à s'accommoder aux idées d'au-
trui, ne m'a point éloigné de ce fentiment : mais des expériences particulières m'ont perfuadé que c'étoit
à la qualité vitrifiable de ces matériaux, que le ciment pouzolanique doit
fa prompte tenacité, & au moellon
l'adhéfion générale de toutes fes parties. Je l'ai déjà dit, (190 & fuiv.),
la chaux ne fe durcit que par la
criftallifation, les parties ne fe criftal-
lifent que par la folidité des fubftances criftallifées ou réunies, & par
la retraite de l'eau : or, dans le ciment pouzolanique, l'eau s'infinue dans
la pouzolane pulvérifée ou argileufe,

qui la retient dans ſes vacuoles ; les parties ſolides adhèrent alors réciproquement, la ſolidité ſuccède à la fluidité, & dans peu de temps la matière eſt dure comme le roc.

873. La blocaille empêche d'un autre côté le retrait des parties, qui s'opère lorſque l'eau s'inſinue dans la pouzolane. On ſait que le retrait d'une ſubſtance quelconque eſt accompagné de ſciſſures, de fentes, de ſéparations des parties : or, ces blocs étant diſſéminés dans les eſpaces, empêchent les fentes de ſe prolonger au loin dans le même ſens, & il ne ſe forme tout au plus que quelques petites ſciſſures qui paroiſſent extérieurement, ſans qu'elles pénètrent juſques dans l'intérieur de la maſſe, à cauſe des obſtacles placés de toutes parts.

874. Examinez avec ſoin les moſaïques qui ont ſervi de parquet à quelques vaſtes appartemens conſidérables de l'ancienne capitale des Helviens ou Vivarois ſous l'Empire Romain. Ces Artiſtes immortels, non contens d'em-

pêcher le retrait par la diffémination des
blocailles, fuperpofoient encore plufieurs
lits horizontaux de ciment de diverfe
nature, pour que les fciffures opérées
par le retrait n'euffent aucune correfpondance, pour que ce retrait fût divifé en plufieurs petits retraits particuliers, & pour que la maffe totale obtînt
la dureté de la roche. Ces Artiftes ont
travaillé auffi pour l'immortalité : les
Mofaïques de Nifmes, d'*Alba Helviorum*, &c., formées de cubes d'un pouce feulement en quarré durent encore,
tandis que les lourdes maffes dont nous
nous fervons quelquefois pour former
des parquets, périffent avec l'édifice.

875. Il eft encore d'autres raifons
qui nous montrent comment le ciment
fait avec des matières pouzolaniques
fe criftallife & durcit dans peu de
temps. J'ai dit (190), que pendant
l'acte de la criftallifation, le ciment
agiffant fur tout fable calcaire, en vo-
latilife par fa caufticité une partie d'eau
& de gaz, ce qui empêche l'adhéfion
des molécules conftituantes ; mais dans

ce

Ce cas, le moellon & la pouzolane ayant été élaborés & purifiés par le feu, ne renferment aucune de ces substances comme le sable calcaire : voilà pourquoi les cimens où l'on emploie le machefer, la brique pilée, le sable quartzeux ont encore la même propriété que la pouzolane, avec la différence que ce machefer, cette brique, ce sable, n'étant point argileux, ne peuvent sucer subitement l'eau du ciment qui ne durcit alors que peu à peu par l'évaporation de l'humidité contenue.

876. De tout ce que nous avons dit, il suit que la pouzolane est le meilleur ingrédient qu'il soit possible de trouver, à cause de sa nature vitriforme & *aspirante*. Elle réunit les avantages du quartz, de la brique, du plâtre, &c.

877. Comme le plâtre, elle aspire dans peu de temps toute humidité qu'elle fixe dans sa masse.

878. Comme le quartz sablonneux, elle est un pur ingrédient qui ne souf-

fre aucune décomposition dans fes parties par l'action cauftique de la chaux.

879. Ne foyons donc point furpris
fi la pouzolane a été employée dans
les cimens fous l'eau où tout autre
ciment n'eût pu recevoir dans peu de
temps la folidité requife : en effet, le
ciment ordinaire ne devient folide que
par la déperdition de l'eau contenue ;
or, cette déperdition feroit impoffible
fous l'eau, fi les ingrédiens employés
à ce ciment ne s'approprioient euxmêmes cette eau qui entre dans la
compofition du ciment pouzolanique.

880. Voilà pourquoi les Romains
n'ont employé que des matières quartzeufes, fpathiques, ou des briques pi-
lées ou en blocaille, lorfqu'ils ont
voulu éternifer leurs monumens : témoins ces cimens à brique du temple
qui avoifine la fontaine de Nifmes, &c.,
tandis que dans la bâtiffe de peu de
conféquence ils fe fervoient de blocaille ou du gravier de rivières, comme dans la Tourmagne, &c.

881. Ces vues font d'autant mieux

fondées, que la pouzolane quartzeufe
& la pouzolane calcaire employées au
ciment varient dans les phénomènes
qu'elles préfentent pendant qu'on les
emploie.

La pouzolane quartzeufe renfermant
déjà une blocaille difféminée dans fa
maffe par la nature même, a moins
befoin de moellon étranger : c'eft la
meilleure que j'aie encore éprouvée,
tandis que la pouzolane calcaire ne
peut fe confolider auffi parfaitement ;
témoin cette lave noirâtre, mélangée
avec des morceaux de pierre calcaire
tendre & argileufe d'Aubenas : je n'ai
jamais pu parvenir à lui donner le degré de folidité des pouzolanes pures
ou quartzeufes des autres volcans.

M 2

CHAPITRE VIII.

Histoire naturelle & description des volcans du Bas-Vivarais, qui ont brûlé hors du sein des mers après leur éloignement de nos contrées. Volcans d'Antraigues, de Craux, de Mezillac, de Thueitz, de Montpezat, de Jaujac & de Souliol.

HISTOIRE NATURELLE

DU VOLCAN DE COUPE D'ANTRAIGUES.

882. LA montagne de Coupe est appelée, en langue Vivaroise, *lou Serre de Coupe*, des deux mots, *Serre*, qui signifie montagne, & *Coupe*, qui vient du mot Latin *Cupa*. Des titres très-anciens du Comte d'Antraigues, dans les terres duquel se trouve le volcan, l'appellent *mons Cupæ*, & le ruisseau inférieur dans lequel ont coulé les laves, *Rivus de Merdaric*, & non point *le*

Volant, nom fous lequel il eft connu aujourd'hui. *Merdaric* fignifie, en vieux langage Vivarois, *craffe de fer.*

883. Toutes ces étimologies prouvées par des monumens authentiques annoncent que les Anciens ont connu les laves ferrugineufes & les montagnes côniques des volcans, en leur donnant des noms qui défignent la chofe nommée.

Les Romains appelloient auffi en Italie *crater* les bouches des volcans, à caufe de leur figure cônique renverfée. *Crater* fignifie *coupe*, *vafe à boire.* Or, les anciens Romains fe fervoient de vafes côniques pour cet ufage, tels que ceux dont nous nous fervons quelquefois dans nos tables modernes, pour boire nos liqueurs.

Nous verrons dans la fuite combien nos volcans ont confervé leurs anciens noms fignificatifs. Les volcans les plus récens ont des noms très-bien confervés, comme les formes de ces montagnes volcanifées établies dès leurs éruptions ; tandis que les volcans qui

M 3

tombent en vétufté ont des noms la
plupart corrompus & d'une explication plus difficile, parce que ces noms
font plus anciens : or, les noms s'altè-
rent à la longue, comme les chofes
qu'ils défignent, & à mefure que les
noms & les chofes nommées s'enfoncent
dans l'antiquité des temps, des pro-
babilités feulement fe préfentent à l'obfervateur.

884. La montagne de Coupe eft un
des plus petits volcans du Vivarais ;
il n'a qu'une petite demi-lieue de circonférence, en fuivant la ligne inférieure & fondamentale qui fépare fes
laves d'avec le fol antérieur. Ce fol
eft tout de granit fecondaire, quelques filons de quartz s'y trouvent d'un
côté & d'autre ; tout cela eft de date
antérieure à toute éruption.

885. Du côté de Juvinas dans le
penchant de la montagne adoffée à
celle de Coupe, on trouve un petit
filon de foufre & d'arfenic combinés
& pulvérifés. Si l'on jette fur des charbons ardens cette pouffière, elle exhale

l'odeur la plus défagréable : ce n'eft point celle du foufre, mais quelque chofe de plus aigre à l'odorat. Il paroît que ce foufre eft antérieur à toute éruption de volcan, car la plupart des pierres granitiques en contiennent dans des concavités ifolées & fans communication quelconque. Or, la contrée granitique fur laquelle eft pofé le volcan de Coupe, & à travers laquelle il perça, eft fans contredit de date antérieure à toute éruption.

886. Le volcan de Coupe s'offre fous une forme cônique ; il eft pofé entre deux montagnes de granit, & fa bouche ignivome paroît être placée dans le vallon intermédiaire. Le cratère eft ouvert par une brèche confidérable du côté d'Aifac, & il eft terminé du côté d'Aubenas par un monticule de laves dont les fommets defcendent tout à l'entour du centre du cratère formant les parois d'un grand baffin très-incliné.

887. Ce baffin étoit autrefois un lac d'eau ftagnante. Les mêmes titres

M 4

de M. le Comte d'Antraigues en font
foi, comme l'a affuré Mr. Vigne féo-
difte qui travaille dans fes archives.
Un éboulement opéré par la vétufté,
ou par la main de l'homme, a faigné
ce lac du côté d'Aifac, ce qui changea d'abord en pré ce cratère, comme le difent les mêmes documens :
aujourd'hui de beaux châtaigners vé-
gètent à leur aife dans ce territoire
enfoncé.

888. On voit cette montagne tomber en vétufté dans plufieurs endroits ; les eaux des pluies fe creufent
des lits du côté d'Aubenas, & fur-
tout entre les lieux de féparation du
volcan, d'avec les deux montagnes
vitrifiables qu'il avoifine. Ses laves légères & mobiles réfiftent moins que
les maffes de granit, & lorfqu'il
pleut, c'eft toujours la montagne de
Coupe qui fe dégrade, étant la plus foible. Deux larges & profonds ruiffeaux
déchirent fes couches à droite & à gauche, & montrent ainfi merveilleufe-
ment le méçanifme de cette montagne,

889. Un ravin affez profond eft creufé d'ailleurs depuis le cratère juf-qu'au pied de la montagne. Les eaux qui fe ramaffent dans ce cratère cou-lent vers la pointe du cône renverfé où commence ce ravin que les courans rendent tous les jours plus confidé-rable & plus profond.

890. Ces décompofitions opérées en grand par la nature même, bien diffé-rentes des décompofitions de la chi-mie artificielle, jettent de grandes lu-mières fur l'hiftoire des volcans éteints & fur celle de toutes les montagnes. J'ai fouvent obfervé cette maffe élevée jadis par le feu, foumife aujourd'hui aux deftructions infenfibles de l'eau, montrant comment le feu & l'eau ont été les deux grands agens des révo-lutions du globe. Je voyois les eaux des pluies, rougies par leur contact avec les laves, entraînant les laves com-pactes, portant fur leur furface les laves poreufes plus légères ; détruifant ainfi infenfiblement la forme géomé-trique de la montagne, opérée par

les matières fondues élancées par les feux souterrains.

891. Voilà la description de l'extérieur de la montagne. Suivons ces ravins profonds, ces crevasses opérées par les eaux, pour faire l'anatomie de l'intérieur du volcan. Les anciens volcans éteints, & tombant en décrépitude, font les plus favorables à cette étude.

892. La montagne de Coupe est formée de trois couches concentriques qui enveloppent le corps de la montagne de tous côtés, excepté les parois du cratère qui ne font formées que d'une seule forte de lave.

893. Il paroît même par les observations que nous allons rapporter, que ces trois fortes de couches distinctes font des matières vomies à trois époques diverses, éloignées les unes des autres. Décrivons ces trois couches, en les distinguant par trois points.

Première couche inférieure.

894. La plus baffe n'eft qu'un amas de pierres poreufes noires, de même nature que le bafalte dont elles ne diffèrent que par la pefanteur qui eft moindre dans ces pierres.

Seconde couche fupérieure à la précédente.

895. Ces pierres qui forment la couche inférieure font couvertes d'une autre couche fupérieure de bafalte compacte noir, d'environ un pied d'é-paiffeur, enveloppant auffi en forme de manteau tout le corps de la montagne.

896. Or, il paroît que lorfque cette couche de bafalte eft fortie en fufion de la bouche ignivome, la couche précédente étoit refroidie : la preuve fe tire des empreintes des pierres inférieures dans le bafalte, dans lequel elles font pour la plupart incruftées. Or, fi les pierres de bafalte inférieu-

res n'avoient point été refroidies auparavant, étant de même nature que
le basalte, elles se fussent réunies en un
seul & même fluide, & les laves-basaltes inférieures, écumeuses & poreuses eussent été infailliblement sur la
superficie supérieure de la couche de
basalte.

897. Pour bien observer ce manteau de basalte environnant toute la
montagne, il faut suivre le ravin qui
sépare le volcan d'avec la montagne
vitrifiable à droite, celui qui descend
du cratère, & celui qui est entre les
deux montagnes de Coupe & la montagne vitrifiable du côté d'Antraigues:
on voit, en comparant les trois posi-
tions de la couche de basalte, qu'elle
enveloppe le volcan, toujours avec la
même épaisseur, excepté vers le cratère où cette couche est plus épaisse.

898. Ces basaltes sont divisés très-
régulièrement comme ceux des vallées : n'oublions pas de faire re-
marquer que lorsque la couche de basalte est d'une épaisseur régulière, ses

divisions forment des lignes qui coupent à angles droits leur sol fondamental ; de sorte que la montagne étant
d'une figure à peu près ronde , les
lignes de division sont dirigées vers
le centre de la montagne. Ces faits
confirment ceux que nous avons rappor-
tés dans l'histoire des basaltes , & nous
offrent diverses preuves pour établir
une théorie solide de la formation des
prismes.

899. Nous invitons les voyageurs à
observer le plus bel objet que j'aie
encore vu. C'est une *boursoufflure* de
basalte qui forme une voûte ; il faut
suivre le ravin qui aboutit au cratère
pour la trouver. Cette boursoufflure est une voûte exactement composée de pierres géométriquement taillées : les laves poreuses de basalte sont
les fondemens de cette voûte. Je la
fis écrouler en partie sous mes yeux ;
mais ce qui reste montre assez les sections des pierres qui l'ont formée , &
qui ne sont que des fentes convergentes vers le centre de l'arc de la

voûte , semblables à celles qui partagent les pierres de nos voûtes sphéroidales ordinaires.

Troisième & dernière couche supérieure.

900. La couche qui est supérieure à toutes les précédentes est formée de laves spongieuses ; ces laves rouges couvrent la montagne & forment les parois du cratère terminé par des monticules en amphithéâtre.

901. Les laves basaltes ne font pour rien dans la masse de ces parois ; observation qu'on ne doit point oublier : elle confirme celle des volcans sans cratère & sans laves poreuses, & détruit l'opinion des Naturalistes du pays, qui prétendent que la lave poreuse rouge n'est que l'écume ou les scories des basaltes.

902. Si l'on doutoit de cette description écrite en présence des objets & sur les lieux même, on trouvera, pour s'en convaincre, dans la parois intérieure de ce cratère une concavité

en boyau, qui s'avance dans les murs de laves poreufes qui forment la bouche du volcan. Ces concavités que M. le Comte d'Antraigues, qui aime les Sciences, vient de faire ouvrir, ne font que des fouterrains formés par l'affaiffement des matières ; le bafalte ne s'y trouve nulle part. Ces boyaux percés fe nomment *le trou du Renard*.

903. Je ne crois pas que le Renard y habite en bonne fanté. J'y ai fait entrer un jeune-homme, cette année 1777, qui, avec une poignée de bougies alumées, m'en a décrit les matériaux, me portant des échantillons de tous les endroits qu'il parcouroit. Mais, quelques mois après, ayant fait entrer dans les mêmes concavités un autre jeune-homme, & y étant entré moi-même, ventre à terre, une poignée de bougies alumées à la main, ces bougies s'éteignirent à dix pas. Je jugeai alors que des exhalaifons méphitiques occupoient ces fouterrains volcanifés pendant un certain temps :

la peur me faifit, je fortis de ces
lieux ténébreux, j'aidai mon guide
à fortir comme je pus, & nous refpi-
râmes l'un & l'autre l'air pur atmof-
phérique, après avoir échappé à la
mort.

904. On trouve l'ouverture de cette
grotte à droite, après avoir monté dans
le cratère par le ravin, à trente pas
au deffus du lieu le plus enfoncé de
la bouche du volcan.

905. Cette troifième & dernière
couche fupérieure du volcan de Coupe s'offre fous divers points de vue
qu'il ne faut pas négliger. Il ne paroît pas qu'une feule éruption ait fourni toute fa maffe. En effet, des ravins profonds l'ont minée du côté
d'Aubenas, & ils décèlent d'autres laves poreufes noires fi friables, que la
preffion des doigts les met en poudre
comme toutes les laves poreufes fondues qui fe noirciffent après. C'eft
la meilleure pouzolane que je connoiffe; elle a été recuite par les courans fupérieurs qui la couvrent.

906.

906. D'un autre côté, cette lave in-férieure felon l'ordre de pofition, mais fupérieure dans l'ordre des temps quant à fa date d'éruption, s'eft moulée fur le bafalte qui eft fon fondement. Dans fa fufion elle en a pris les contours & les diverfes directions, felon les formes de ces corps antérieurs qu'elle avoi-finoit. On y trouve quelquefois des amas de fable noir ferrugineux, des fortes de cendres volcaniques, des laves poreufes qui reffemblent encore à des courans de matières fluides glacées, & qui fuivent le type des corps fur lefquels elles ont coulé.

907. Nous avons vu ci-deffus que la montagne de Coupe tombe en vétufté, que fes formes fe détruifent de toutes parts. Nous obferverons ici que les terres du cratère dont la feule bafe eft une lave pulvérulente, font changées en une terre végétale : ce cratère, à caufe de fa forme, conferve toutes les feuilles & tous les autres débris des végétaux qui pourriffent dans fon fein en améliorant le fol brûlé.

Tome II. N

908. Il découle des environs de la montagne différentes sources abondantes ; elles sont toutes en été d'une fraîcheur peu commune , & en hiver d'une agréable température , ce qui prouve qu'elles sortent d'une concavité très-grande & très-profonde , qui leur donne ce degré fixe de température , qui les fait trouver très-froides en été & peu froides en hiver.

909. Sous la montagne de Coupe, précisément au passage des terrains volcanisés aux terrains vitrifiables, on trouve la fontaine d'eaux minérales de Coupe. Nous renvoyons à la partie des fontaines le récit des expériences faites sur ces eaux gazeuses. Nous nous contenterons d'observer qu'elles sortent à travers deux couches de lave poreuse.

910. Le territoire du voisinage, composé de granits secondaires, présente un grand nombre de petites sources de même nature qui suintent à travers les filons de ces sortes de roches , & rendent le terroir qu'elles

arrosent rouge & limoneux. Dans le vallon opposé à celui-ci & du côté de Juvinas, on trouve une source très-considérable de semblables eaux : les environs de cette montagne en offrent de tous côtés ; mais seulement dans les ravins.

911. La fontaine *de Malheur*, ainsi appelée parce qu'elle ne coule qu'après les fortes pluies qui portent la désolation & le malheur, à cause de la grande inclinaison des terres du voisinage que les inondations dévastent toujours considérablement, coule dans des lieux enfoncés au deffous de la montagne de Coupe près les manufactures de Mr. Filiat. Cette fontaine n'a jamais donné que des eaux les plus claires & les plus limpides. A l'époque, cependant, du tremblement de terre qui renversa Lisbonne, les concavités d'où sortent les eaux de la fontaine de Malheur furent singulièrement agitées. Les eaux sortirent toutes troubles, quoiqu'il n'eût pas tombé de la pluie. Mr. Baratier père,

N 2

personnage fort éclairé , & à qui l'on
peut ajouter foi , m'a affuré les avoir
vues fortir toutes rouges & fort épaiffes. Le lendemain les payfans annon-
cèrent des déplacemens de terres : on
apperçut une fente verticale de la largeur de deux pouces au voifinage de
la montagne de Coupe.

912. Ce n'eft point la première obfervation d'un tremblement de terre
propagé jufqu'à des régions les plus
éloignées du grand foyer des tremblemens. On a obfervé en France,
à la même époque & à une lieue
d'Angoulême , une crevaffe d'où fortit
un torrent d'eaux rouges & bourbeufes , élancées par ces étranges fecouffes propagées jufques dans les
pays lointains. On obferva encore en
Languedoc des phénomènes analogues
vers le même temps.

913. En foulevant quelques blocs
de lave fpongieufe du fommet du volcan de Coupe, on trouve au deffous
une couche de foufre fublimé : quel-
fois cette couche eft fi légère , qu'elle

fuffit à peine pour décéler la nature de ce minéral : d'autres fois cette couche fe détache en pouffière très-fine de la pierre qui, pendant la fublimation, a retenu & s'eft appropriée ces émanations. J'ai obfervé la même chofe fur les deux volcans de Thueitz & de Montpezat.

914. On trouve dans le ravin qui eft du côté du col d'Aifac, entre la montagne de Coupe & la montagne non volcanifée qui l'avoifine, un banc de granit qu'on voit fe tranfmuer en argile. Ce banc n'eft qu'un amas de cailloux, de bafaltes & de blocs de granit ; tout ce mélange hétérogène fe décompofe par le même agent, quel qu'il puiffe être : le bafalte ne change point de couleur, ni les autres fubftances de nature vitrifiable, qui ne perdent que leur gluten & leur principe de dureté.

Le couteau s'enfonce aifément dans cette matière pâteufe. On obferve furtout un plan incliné, uni & tout marbré, parce que les blocs de granit, les cailloux, &c., font ici tranchés presque verticalement : on est surpris de voir ces masses si semblables aux compactes voisines, céder à la pression du couteau, & se diviser comme l'argile la plus molle.

Mr. Baumé de l'Académie des Sciences de Paris, explique très-bien, dans un ouvrage sur les argiles, la décomposition de ces substances par l'action de l'acide sulfureux : on conçoit que cet acide si abondant dans les volcans pénètre plus aisément dans ces substances, qu'il détruit la cohérence de leurs divers principes, & qu'il change en un corps pâteux ce qui étoit auparavant compacte & solide, en s'insinuant entre les molécules constituantes.

915. Après avoir considéré la montagne de Coupe & ses environs, il faut suivre la coulée des basaltes qui font prolongés tout le long de la rivière. Commençons nos descriptions du côté de Vals pour la commodité des voyageurs.

En montant de Vals à Antraigues,

on trouve après plufieurs maffes bafaltiques, à droite de la rivière, une voûte renverfée, ou un vafte baffin creufé
dans une grande couche de lave horizontale. Ce baffin reçoit à fon centre les
eaux d'une cataracte fupérieure qui, par
la chûte de fes cailloux, de fon fable
& de tout ce qu'elle entraîne, & par
la percuffion même de fes eaux pourvues de mouvement accéléré & de forces acquifes, a formé peu à peu cet
enfoncement fphérique devant un jour
atténuer & percer la table de lave
dans laquelle eft formé ce beau baffin,
lorfque par la fucceffion des temps,
les percuffions multipliées auront détruit tout-à-fait les bafaltes jufqu'à la
couche de cailloux, fondement &
moule inférieur de la maffe de bafaltes.

916. On obferve encore à côté de cette
merveille un autre enfoncement, non
en forme de baffin, mais vertical &
tracé en long dans la lave, par l'action d'un ruiffeau qui ne tombe pas en
cafcade, comme dans le baffin fupérieur,

N 4

mais qui ne fait que fuinter & gliffer fur la couche de lave.

L'action lente de ces eaux dépourvues de cette force qu'on trouve dans les chûtes, a cependant rongé à la longue cette maffe de laves, dans lefquelles fe trouve aujourd'hui un lit particulier réfervé à ce petit écoulement d'eaux fupérieures.

917. Dans le même voifinage on trouve plufieurs élévations de colonnes de bafalte unies très-étroitement, au deffous defquelles on voit des couches de fable, de cailloux, de gravier, tous fort propres, ufés, bien lavés; ce qui prouve que ces laves bafaltiques, fupérieures à ces fubftances, & fondues par les feux volcaniques de Coupe, gagnèrent ces anciens lits de rivières & fe moulèrent fur eux.

Parmi toutes ces élévations on admire un pavé de Géans d'une centaine de pas de largeur, & haut d'environ trente pieds; les colonnes y font très-diftinctes, très-bien proportionnées, & d'une égale épaiffeur dans leur fommet & dans leur fondement : ces belles régularités placées à côté d'un fol le plus irrégulier , & fous d'énormes rochers pelés , noirs , & en forme de pic , font la beauté de ce lieu , & occupent l'ame éprife du fpectateur.

918. Ces divifions perpendiculaires qui forment les colonnes dans un ordre prefque géométrique , dégénèrent toujours aux bords latéraux ; on ne voit plus dans ces extrémités les belles divifions verticales du milieu , mais plutôt des blocs informes , où règnent la confufion & le défordre.

919. Un pavé de Géans fe trouve fouvent vis-à-vis d'un autre pavé femblable qui occupe l'autre bord oppofé de la rivière. Leur correfpondance (quand même on n'auroit pas d'autres preuves) fuffiroit pour démontrer l'ancienne réunion de ces deux maffes qu'on ne trouve aujourd'hui féparées que parce que l'action des eaux de la rivière a détruit , rongé les laves intermédiaires. Auffi obferve-t-on prefque toujours dans toutes les colonnades

parallèles & en face, les mêmes fondemens de part & d'autre, les mêmes
couleurs de bafaltes, la même élévation de colonnes, le même diamètre,
le même nombre d'éruptions, &c.

920. Il se trouve encore dans quelques endroits de la rivière des tables
de bafalte qui en forment le lit. Ici les
eaux moins rapides, pourvues d'un lit
plus large, n'ont pas eu le temps encore, ni la force de détruire la maffe
totale du pavé de Géans ; ainsi, à côté
du pont du Bridou, on voit un refte
de pavé fort atténué qui fert de pilotis à ce pont. Coupées horizontalement, les colonnes laiffent voir aifément leur union intime, leur figure
diamétrale; telles les ruches des abeil-
les, les carreaux à fix côtés du parquet de nos appartemens, & les bulles que forment les enfans avec un
chalumeau en foufflant dans un vaif-
feau rempli d'eau favonnée.

921. Sous le bourg même d'Antraigues on admire une autre élévation
de colonnes plus hautes que les pré-

cédentes , & par conféquent d'un diamètre plus large felon nos obfervations. Ces diamètres font ici plus uniformes que dans les maffes que nous
avons décrites ci-deffus. Quelques colonnes font ondées , & leur ondulation eft partagée avec les voifines :
ce beau coup d'œil comme les précédens mériteroit plutôt une gravure
du burin des Balechou , qu'une defcription qui ne fauroit exprimer tant
de régularités dans nos fubftances volcaniques ; & la gravure du pavé de
Géans d'Antrim en Irlande , qu'on trouve dans la collection des planches de
l'Encyclopédie, eft bien peu remarquable en comparaifon des belles vues qui
avoifinent le mont de Coupe.

922. Vis-à-vis de la manufacture de
papier , on obferve une autre belle
élévation de laves divifées en colonnes ; toute la maffe eft pofée fur une
terre autrefois végétale , & fe trouve
arrêtée dans un vallon formé par le
mont de Coupe qui a vomi cette fubftance , & par la montagne d'Aifac.

On y voit deux couches produites par deux éruptions différentes. Les eaux qui tombent du haut en forme de cataracte montrent quelquefois les couleurs de l'Arc-en-ciel, en se précipitant avec un fracas terrible d'une élévation d'environ cent pieds, & qui est parfaitement perpendiculaire : elles sont agitées quelquefois par l'action des vens qui les changent en partie en pluie menue : si le soleil levant éclaire alors ces vapeurs aqueuses, toutes les couleurs de l'Arc-en-ciel en émanent, & subsistent autant que ces corpuscules aqueux se soutiennent en l'air.

D'autres fois les vens ne font que battre foiblement cette chûte d'eau, qui n'est qu'une grande colonne fluide qui se change alors en ondulations ; dans ce cas, il ne se sépare que quelques petites nuées successives qui ne tombent que par secousses, & cette inconstance produit alors diverses sections d'Arc-en-ciel, dont les couleurs mobiles paroissent & disparoissent tout-à-coup avec une célérité étonnante.

VOLCAN DE COUPE VU DES HAUTEURS D'AISAC

Cette obfervation ne peut fe faire qu'en été vers le lever du foleil, à caufe de la pofition du local.

HISTOIRE NATURELLE

DU VOLCAN DE CRAUX.

Nous avons obfervé (65 & fuiv.) que l'enfemble des montagnes du Vivarais offre d'abord une grande chaîne qui fe propage du midi au nord, & qui fépare le département du Rhône d'avec celui de la Loire. Nous avons vu enfuite qu'il part, de cette chaîne maîtreffe, des branches latérales de montagnes plus baffes féparées par des vallées. Voyons ici quel eft l'état & la pofition du volcan de Craux, relativement à ces chaînes antérieures de montagnes.

923. La montagne de Tanargues la plus élevée du territoire granitique, forme une partie de la chaîne des montagnes majeures d'où fortent les branches latérales ; elle eft jointe à celles de Saint-Etienne, de la Narce,

de Saint-Sirgues , du Cros-de-Géorand,
de Sainte - Eulalie , de Sagnes , de
la Champ-Raphaël : ces maſſes élévées
forment des plateaux ſupérieurs volcaniſés & non volcaniſés.

De ces plateaux part la chaîne des
montagnes latérales qui fuyent du cou-
chant au levant , ou de la Champ-
Raphaël & Mezillac vers Gourdon ,
Fraicinet , Berzème , &c. , juſqu'au
Rhône.

Voilà donc une branche de montagnes qui prend racine au corps principal , & de cette branche latérale
part encore une autre chaîne du nord
au midi , qui tient à la chaîne du couchant au levant ; elle deſcend du côté
du Champ de Mars , comme une véritable branche d'arbre ; elle paſſe à
Geneſtelle , s'avance vers le château
de Craux , & c'eſt ici où eſt placé le
volcan de ce nom qui a percé à travers les flancs de la chaîne de la montagne qui fuit enſuite du côté de Vals
bâti au pied de cette chaîne , & qui vient
expirer enfin à Ucel par la jonction

du ruiffeau de Sandron avec la rivière d'Ardèche. Le volcan de Craux eft fitué ainfi vers le milieu de la chaîne qui forme la troifième fubdivifion des montagnes.

Parcourez l'Italie cette vafte péninfule prefque toute formée de laves des volcans anciens & modernes ; vous ne verrez de toutes parts dans fes montagnes volcaniques que des laves fpongieufes rouges ou noires, des pierres ponces, des écumes endurcies & pétrifiées furnageant à l'eau, avec toutes les autres qualités connues dans ces fortes de laves. Nulle part on n'y voit des volcans entiers de bafalte. Cette fubftance fe trouve à la vérité dans plufieurs endroits ; un pic de bafalte s'eft même fait jour, par l'action des fecouffes fouterraines, au deffus des eaux de la mer ; mais on n'avoit jamais vu un volcan ifolé, élevé fur une région granitique avec des courans de bafalte, tels que celui que nous allons décrire.

924. Le volcan de Craux eft fitué à l'orient du bourg d'Antraigues en-

tre Geneftelle, Antraigues, Vals &
Boulogne; il eft placé entre deux montagnes auffi élevées que le volcan, &
compofée de granit fecondaire. Sa
forme totale, à vue d'oifeau, repréfente un cône dont le fommet finit en
fphère.

Par une fingularité toute particulière, ce volcan eft dépourvu de cratère : le fommet ne préfente qu'une
petite plaine circulaire d'environ deux
mille pieds de diamètre ; elle eft con-
vertie en partie en champ labourable;
le refte ne préfente qu'une immenfe
roche de bafalte formée de plufieurs
blocs informes, mais très-étroitement
réunis & conjoints, comme tous les
bafaltes volcaniques connus qui font
par-tout divifés ou géométriquement
en colonnes prifmatiques, ou d'une
manière informe & indéterminée.

925. La montagne volcanique de
Craux ne préfente du côté d'Antraigues qu'une pente très-rapide compofée de blocs de bafalte le plus irrégulier : toutes ces maffes féparées ne
formèrent

formèrent d'abord qu'une feule maffe ; un feul corps que le refroidiffement fit décrépiter de toutes parts , & qui fe divifa en blocs fecondaires. Depuis cette époque l'action deftructive des temps, des pluies, des gelées, la force fur-tout de la pefanteur des fubftances qui font compactes comme le fer , a dérangé cette union des blocs, de forte qu'on ne voit plus qu'une grande ruine de l'ancien édifice de la nature, une montagne qui dépérit chaque jour, & qui n'eft reftée intacte & dans fa for- me primordiale que-vers le fommet , où les bafaltes n'ont point été dérangés de- puis leur divifion à l'époque du retrait.

926. Le volcan de Craux a près de trois cens toifes d'élévation ; fi l'on pouvoit faire le circuit de fa bafe , il auroit près d'une demi lieue de cir- conférence : fon fommet eft de niveau avec la bouche de bafalte du volcan de Coupe dont il n'eft éloigné que d'un quart de lieue ; or , nous avons remarqué déjà qu'il falloit diftinguer dans la montagne de Coupe (894), le

Tome II.   O

volcan de bafalte & le volcan de laves rouges & fpongieufes, ou plutôt deux éruptions autant différentes l'une de l'autre par la nature des fubftances projetées, que par le temps éloigné de l'une à l'autre.

927. Le volcan de Craux préfente à fon pied & à fon fommet deux climats qu'on diftingue facilement. Le fommet eft de niveau avec quelques montagnes des plus élevées du Bas-Vivarais : on y jouit d'une très - agréable température pendant les jours caniculaires.

928. Sur ce fommet fe trouve le beau château de Mr. de Fabrias qui paffe l'été fur ces lieux élevés ; les bâtimens font gothiques, hériffés de tours , de donjons & de défenfes comme tous les anciens châteaux de la Provinçe. On fait que les Seigneurs établiffoient jadis leur réfidence fur les pics les plus efcarpés ; de là ils défioient les autres Seigneurs du voifinage contre lefquels ils étoient en guerre.

La fituation du château de Craux

dut en faire dès lors une des places fortes des environs ; mais il ne reste aujourd'hui de cet ancien génie gothique que la seule forme des bâtimens, & nous exhortons MM. les Académiciens & les Naturalistes qui se proposent de venir considérer la nature dans notre Province, de visiter la montagne & le château ; ils seront très-satisfaits & de la beauté des lieux & de l'honnêteté du Seigneur qui aime les arts & qui les cultive.

929. Sous le volcan se trouve une fontaine gazeuse ; elle est très-propre à rafraîchir, à donner du ton au système nerveux relaché : on s'en sert dans le voisinage avec succès, & surtout dans les maladies de langueur, où les vaisseaux alimentaires sont surchargés de glaires & d'humeurs alcalescentes ; elles sont d'ailleurs plus douces que celles de Vals, de Coupé, de Saint-Léger, &c., & très-propres aux foibles tempéramens, aux femmes & aux filles. Je les ai prises pendant huit jours, & je les ai conseillées à

diverses personnes qui se trouvant dans
le même genre de besoin , en ont
éprouvé les mêmes avantages. *Voyez,
dans la suite de cet ouvrage , les expériences faites à Antraigues sur ces
eaux.*

930. La montagne de Craux dont
on n'a rien écrit encore , a vomi cette
belle colonnade de basaltes qui se trouve vers le pied de la montagne. On
voit même ici la jonction de ces colonnes avec les blocs de basalte qui
forment en entier toute la montagne.
Les éruptions de cette lave basalte
sont antérieures aux éruptions des
laves - basaltes du volcan de Coupe
voisin : on voit , en effet , que la lave-
basalte du volcan de Craux s'étant
moulée au fond des vallons , & ayant
formé la grande couche qui sert de fondement au bourg d'Antraigues & autres
lieux voisins , la lave-basalte du volcan
de Coupe a coulé postérieurement sur la
lave-basalte du volcan de Craux sur
laquelle elle s'est moulée , présentant
actuellement une élévation perpendi-

culaire à côté des rivières qui ont creusé leurs lits dans ces couches de lave ; & c'est en observant ces élévations perpendiculaires , qu'on distingue les deux couches de lave de chaque volcan : l'inférieure appartenant au volcan de Craux est plus pure , plus ferrugineuse , plus compacte , le son des basaltes est plus harmonieux : chaque basalte enfin attire l'aimant avec plus de force.

931. La superposition du basalte fondu du volcan de Coupe sur le basalte refroidi de Craux, présente d'autres vues plus curieuses encore dans le dérangement des divisions du basalte de Craux inférieur, lorsque le basalte de Coupe supérieur coula sur lui. *Voyez ci-après le chapitre qui traite du confluent des laves de plusieurs volcans.*

Tel est l'état des volcans de Coupe & de Craux : je n'ai pu sortir de chez moi pendant deux ans , sans les observer en face. Dans mes récréations & mes promenades , j'ai toujours di-

O 3

rigé mes pas vers ces montagnes volcanifées; j'ai donc fans doute quelque
droit à les décrire. On trouve, au
refte, en Auvergne un volcan appelé
Craux, comme celui dont nous venons
de parler.

HISTOIRE NATURELLE

DU VOLCAN SITUÉ AU DESSOUS DE MEZILLAC.

Voici un autre volcan placé au nord
du précédent au deffous de Mezillac.
Il doit être décrit après le volcan de
Craux.

932. Dans l'hiftoire de ce dernier
volcan, nous avons vu le bafalte le
plus pur former la montagne ignivome & tous fes courans. Ici tout change de face, & au lieu de trouver du
bafalte, foit informe, foit prifmatique,
on ne trouve qu'une montagne volcanique compofée de laves fpongieufes, rouges, émanées du fouterrain
incendié & pofées fur une roche de

granit fecondaire fans aucune trace de bafalte.

933. Tels les volcans les plus modernes de l'Italie. Des peperino, des tufs, &c., émanent de leurs feins enflammés ; aucun ne préfente des amas de bafaltes irréguliers ou prifmatiques en forme de coulée ; & fi l'on trouve cette fubftance en Italie, ce n'eft que parmi les décombres des plus anciens volcans.

On a beau chercher dans les environs du volcan de Mezillac quelques traces de bafalte, les ruiffeaux où fe trouvent ordinairement ces fortes de laves n'en offrent aucun refte, on ne rencontre que des laves rouges cellulaires.

934. On ne peut pas dire, contre cette obfervation, que le bafalte exiftoit ici autrefois, mais que les temps & le courant des eaux l'ont détruit, renverfé, entraîné comme ceux des autres volcans : car fi les eaux & les temps avoient eu prife fur ces bafaltes, ils en auroient eu davantage fur

O 4

les laves rouges, fur les ponces & fur toutes les matières mobiles qui forment la montagne.

935. Ceux qui ont étudié les degrés de destruction des montagnes volcaniques, favent que les cratères & les montagnes de laves mobiles réfistant moins aux injures des temps & des faifons, commencent à s'effacer & à s'écrouler ; les laves-bafaltes inférieures & plus compactes réfistent ensuite une plus longue férie de fiècles, & triomphent plus long-temps des vicif-situdes destructives des plus beaux ou-vrages de la nature.

936. Or, fans m'éloigner des cantons où je fuis & où j'écris actuellement, j'obferve, en jettant un coup d'œil fur les décombres des plus anciens vol-cans, que celui de Mezillac que je décris, eft un des plus récens des en-virons. A droite je vois des crêtes de montagnes du côté de Mezillac, com-pofées de bafaltes qui m'annoncent que ces corps furent moulés jadis, pendant leur fufion, fur des plaines

élevées, changées aujourd'hui en pics, & furmontées de bafaltes dont les courans ont été coupés par les forces qui ont excavé les vallées.

937. A gauche, je vois le bois de Cufe établi fur une grande couche de bafaltes qui ont perdu leur cratère: ainfi tout annonce, dans notre volcan ifolé, un feu qui n'a eu d'autre lave incandefcente que la lave poreufe exclufive, dont les éruptions font plus modernes que les éruptions de bafalte.

938. Nous pouvons donc conclure, après la defcription de ce volcan & après celle du volcan de Craux, qu'il exifte deux fortes de volcans en Vivarais bien antérieurs les uns aux autres, les volcans qui ont vomi le bafalte & qui font plus anciens, & les volcans qui n'ont vomi que la lave fpongieufe rouge, qui font plus modernes.

939. Ces divifions & ces obfervations font fi néceffaires, que c'eft d'après elles que l'on peut établir des époques fixes dans la nature. Les mo-

numens historiques, les médailles, les
pyramides, &c. , perpétuent les actions morales des hommes , & fixent
certaines époques de l'histoire politique. La nature présente aussi les médailles de ses événemens physiques,
& le Naturaliste qui l'étudie, décou-
vre quelquefois , non pas la mesure
du temps écoulé d'une époque à l'autre , mais la succession comparée des
événemens , ou plutôt la chronologie
de la nature.

HISTOIRE NATURELLE

du Volcan de la Grávéne de

Montpezat.

940. Du groupe des montagnes
granitiques du Tanargues, confusément
amoncelées , part une branche considérable de montagnes inférieures, qui
diminuent de plus en plus à mesure
qu'elles s'éloignent du noyau supérieur
vitriforme. Le ruisseau de Font-Au-
lière du côté du nord , & l'Ardèche

du côté du midi, baignent la bafe de cette ramification granitique qui, arrivée entre Montpezat & Thueitz, fe change en volcan nommé *Gravène* de Montpezat, dénomination analogue à celle de quelques volcans éteints de l'Auvergne, qu'on appelle Gravène & Gravéneyre.

941. Le volcan de Montpezat eft une montagne inculte & pelée, excepté vers fa bafe qui nourrit quelques arbres.

Sans être de la plus grande élévation, ce volcan paroît d'une hauteur étonnante, lorfqu'on l'obferve du pied : car étant dans certains endroits fans éboulemens, fans inégalités & fans enfoncemens depuis fa bafe jufqu'au fommet, on voit d'un feul coup d'œil une grande prolongation de terrain obliquement élevé fur l'horizon, & le rayon vifuel n'étant coupé par aucun objet, l'ame eft étonnée d'une femblable diftance non interrompue.

942. Diverfes fortes de pouzolane, des laves poreufes torréfiées, rouges,

noires, grifes, fcorifiées, conftamment calcinées par le feu, forment ce grand amas volcanique.

Les eaux des pluies filtrent dans l'intérieur de ce terrain aride, fec & femblable à un crible : il ne vient que quelques arbuftes là où la terre fe trouve plus pefante ; ils y fubfiftent en enfonçant leurs racines vers le centre de la montagne, où ils fucent quelques humeurs tranfitoires. On trouve encore au pied quelques châtaigniers qui fe plaifent dans une terre fèche & légère, & qui y ont acquis une groffeur confidérable.

943. C'eft avec une peine incroyable qu'on gravit cette montagne, vers le fommet de laquelle on trouve un vafte baffin de la forme d'un amphithéâtre le plus régulier. C'eft ici précifément le *cratère* autrefois ignivome du volcan : fon terrain mouvant compofé de matières torréfiées & fèches, caufe fes éboulemens affaiffés & enfoncés de plufieurs pieds au deffous du fol. Nous étant engagés avec notre

conducteur dans un de ces endroits
les plus mobiles du *cratère*, nous nous
y enfonçâmes jusques aux genoux, ne
pouvant fortir de ces lieux qu'avec
une extrême difficulté ; auffi les eaux
pluviales qui pénètrent dans cet amphithéâtre facilitent enfuite ces éboulemens & cette mobilité. De là l'ari-
dité de ce terrain trop léger : l'action de
l'air, ici toujours agité, fait évaporer
toute humidité qu'on fait être l'ame
de la végétation : ce *cratère* & cette
montagne ne font d'ailleurs qu'un grand
crible dans lequel fe perdent toutes
les eaux pluviales.

944. A cette caufe fe joint la forme même de ce grand amphithéâtre :
il eft ouvert du côté du nord, les
débris des végétaux ne peuvent point
s'arrêter dans ce cratère, pour en-
graiffer une terre déjà brûlée, arro-
fée de pluies pénétrantes qui la lavent,
& qui, à caufe de fon élévation, eft
furieufement battue par le vent du
nord fur-tout, & par tous les autres qui
font ici toujours impétueux. Auffi ne

voit-on dans ce *cratère* qu'une légère couche de pelouse brûlée à la première sécheresse du printemps.

945. Voilà l'état actuel de la bouche volcanique de la Gravène de Montpezat. Elle est entourée de monticules de pierre ponce, de pouzolane, de scories, de lave boursoufflée, & leur aspect offre une élévation circulaire qui forme cet amphithéâtre d'environ trois cens toises de circonférence, avec un enfoncement depuis le plus haut sommet des monticules qui composent le circuit, jusques au fond de la bouche d'environ quinze à vingt toises.

946. De cette bouche énorme sortirent avec impétuosité les laves ferrugineuses sur lesquelles est bâti Montpezat, & qui ont coulé sur l'ancien lit de la rivière, & au-delà de ses bords jusqu'au pont de la Baume de Vals. La source de cet ancien fleuve de feu est éloignée de ce terme de plus de deux lieues. Détruite aujourd'hui par l'action lente & insensible des eaux de la rivière qui rentrent

dans leur ancien lit, ces bafaltes montrent, dans tout le cours de cette rivière latéralement, de majeſtueuſes élévations de colonnes de plus de deux cens pieds de hauteur, & preſque toutes d'une feule pièce. Cette élévation étonnante eſt même plus conſidérable dans les endroits où leurs parties ſupérieures n'ont point été détruites par aucune force étrangère & poſtérieure.

947. On obſerve aiſément dans cette colonnade les règles établies (699 & ſuiv.). Les proportions de leurs diviſions, les belles colonnes diſparoiſſent là où le ſol fondamental eſt eſcarpé, raboteux. On ne voit plus à la place que des blocs informes de lave ſans deſſein & ſans harmonie, tandis que l'ordre géométrique, les colonnes d'un feul jet, l'égalité de leur diamètre au ſommet & au fondement, la régularité enfin & la ſymétrie fe font admirer, lorſque tout l'édifice eſt poſé ſur un fondement horizontal, avec des bords latéraux réguliers. On voit encore que, lorſque le fondement s'éle-

ve quelque part au deſſus du voiſin, la table de laves étant plus mince, les diviſions s'y trouvent plus multipliées, & conféquemment les colonnes y ont moins de diamètre. On obſerve enfin que là où quelque ruiſſeau péu conſidérable s'unit à la rivière principale, les deſtructions de baſaltes opérées par les eaux courantes de ces ruiſſeaux, ſont en raiſon de la quantité d'eau qui s'écoule, de la force qu'elle acquiert lorſqu'elle parcourt un lit en pente, de la qualité & de la quantité des corps qu'elle entraîne.

948. Ce volcan de Montpezat ſépare la vallée de ce bourg d'avec la plaine de Thueitz qui eſt à ſon couchant. En deſcendant du cratère, on voit à côté quelques ſillons formés par les eaux des pluies qui laiſſent à découvert diverſes couches de pouzolane, & ces matières torréfiées & d'un noir foncé, annoncent les unes & les autres aux yeux les moins clair-voyans, l'ancien incendie & deux éruptions différentes

différentes de lave poreufe qu'il faut diftinguer, foigneufement.

949. La première de couleur noire, paffant aifément de l'état d'écume
pétrifiée à l'état de pulvérulence , par
la plus petite preffion , eft inférieure
à la feconde couche de lave extérieure qui couvre toute la montagne &
qui eft de couleur rouge. Celle-ci ca-
cheroit fous elle toutes les couches
inférieures , fi les eaux qui defcendent
de la montagne n'entraînoient tous les
jours ces fubftances mobiles en fe creufant plufieurs lits enfoncés , qui préfentent latéralement ces diverfes couches de plufieurs époques différentes.

950. Cette couleur noire de la lave
inférieure n'eft telle , que parce que
la couche fupérieure coulant immédiatement au deffus, l'échauffa , la fondit de nouveau & la torréfia tellement , qu'elle perdit fa couleur mar-
tiale rouge , comme on fait perdre
cette couleur à toute lave poreufe
rouge , lorfqu'on la fait fondre de
nouveau fur des charbons ardens.

Tome II.   P

Cette lave poreufe noire, calcinée pour la feconde fois, eft exquife pour la compofition du ciment, lorfqu'on l'emploie felon les proportions requifes.

En defcendant du volcan de la Gravène de Montpezat, on arrive à la plaine de Thueitz.

HISTOIRE NATURELLE

DU VOLCAN DE LA GRAVÉNE DE THUEITZ.

951. Il n'exifte point en Vivarais de volcans plus voifins que ceux de Thueitz & de Montpezat : l'un & l'autre font partie de la même chaîne décrite (940), l'un & l'autre font appelés *Gravènes*.

Le volcan de Thueitz préfente à ce bourg une large gueule béante qui a vomi l'immenfe quantité de bafaltes fur lefquels cette paroiffe eft bâtie.

Thueitz, joli petit bourg fitué fur cette plate-forme, a pour pilotis & pour fondement les colonnes de bafalte de ce volcan. L'horizontalité de fa plaine dans un lieu tout hériffé de montagnes arides terminées en pic & en dos-d'âne, furprendroit l'œil du Naturalifte, s'il ne faifoit attention à l'ancienne liquéfaction de ce plateau de bafalte qui, en fe refroidiffant, conferva fa pofition horizontale, fur laquelle les pluies & la fucceffion des temps ont entraîné une couche de terre végétale dont les montagnes ambiantes ont été dépouillées. Le château & la terre appartiennent à l'ancienne maifon de Blou.

952. Les laves qui paroiffent tout le long de la rivière jufques vers Vals, ont été vomies en partie par ce volcan qui n'eft qu'un affemblage de petites montagnes de pouzolane, de pierres ponces, avec un enfoncement ou un *cratère* au milieu, évafé du côté de Thueitz, d'où fortirent les bafaltes fondus. Les eaux ayant formé un fillon, depuis le centre de ce cratère jufqu'au pied de la montagne, ont laiffé à nud ces laves-bafaltes.

953. Cet amphithéâtre peu élévé

P 2

au deſſus du ſol horizontal de Thueitz,
bien expoſé aux rayons ſolaires & à
l'abri des vents impétueux, eſt devenu très-fertile; on en tire du vin,
des châtaignes, des fruits ſucculens. Mais
il fallut un grand nombre d'années,
pour que ce terrain volcanique, ailleurs ſec & brûlé, devînt propre à
la végétation & acquît des ſels, des
huiles & des ſucs permanens, en s'uniſ-
ſant à une terre végétale étrangère,
dont le mélange avec la lave poreuſe
a formé un terreau très-fertile.

954. On parcourt avec plaiſir la
plaine très-agréable de Thueitz. Si on
s'avance vers les bords de l'Ardèche,
qu'on ne voit pas à cauſe de ſon enfoncement perpendiculaire, on eſt ſur-
pris de ſe voir tout-à-coup aux bords
d'un précipice affreux d'environ deux
cens pieds de profondeur. Cette excavation qu'on rencontre d'une manière
inopinée & ſoudaine, rend ce lieu ſi
horrible, qu'il a mérité le nom de *Gueu-
le-d'enfer*. Les eaux de l'Ardèche ont
creuſé cet enfoncement dans le baſalte,

& coupé à pic cette énorme coulée de laves.

HISTOIRE NATURELLE

DU VOLCAN DE COUPE DE JAUJAC.

955. Du centre du grand Tanargues part une autre chaîne de montagnes qui s'abaissent toujours de plus en plus depuis ce noyau principal granitique. Cette chaîne est entre la Souche & la Boule, entre Prunet & Saint-Sirgues où la chaîne se subdivise encore en plusieurs branches, dont l'une s'avance vers Jaujac : là, prête à expirer & à se perdre dans les eaux de l'Alignon, elle paroît prolongée par le volcan situé à son extrémité.

956. Le volcan de Coupe de Jaujac présente les vues les plus profondes & les plus variées sur l'histoire du globe & sur celle des volcans. La forme de son cratère, la nature de ses laves, l'état actuel de ses basaltes, tout annonce un objet curieux, & montre que les volcans du Vivarais

P 3

ont des variétés qu'on ne doit pas paſſer ſous ſilence.

957. Le volcan de Jaujac eſt placé entre des montagnes granitiques qui régnent excluſivement dans tous les environs : ces granits y ſont dans un tel déſordre, qu'il a fallu des convulſions terribles dans cette partie du ſol du Vivarais, pour excaver les précipices & élever les maſſes énormes de granit placées de tous côtés dans un ordre le plus irrégulier & le plus pittoreſque.

958. Les montagnes elles-mêmes, compoſées, dès leur formation, de maſſes contiguës, ont perdu depuis cette époque leur ancienne union ; de tous côtés leurs parties ſe trouvent ſéparées intérieurement ou fendues, des maſſes étrangères ont comblé les excavations de nouvelle date, & des torrens de charbon de pierre fondu ou en forme liquide, en ont rempli certains vides que les tremblemens de terre, phénomènes qui accompagnent toujours les éruptions des volcans &

qui les précèdent, ont formé dans l'antiquité des événemens de la nature. Mais avant de parler de la houille ou charbon de terre qui fe trouve dans les environs de ces volcans & dans ces fciffures, obfervons la forme & l'état de la bouche qui a vomi cette fubftance.

959. La forme du cratère annonce les anciennes forces fouterraines qui fecouèrent le fol des environs. Ce n'eft point ici une bouche ignivome de forme cônique & renverfée, comme dans tous les autres volcans des environs, & même dans tous ceux qui font connus en Europe & dans les autres parties du globe terreftre ; c'eft plutôt une crevaffe de près de mille pas de longueur fur cent de large, terminée par des élévations latérales de pierres ponces ou de fcories plus ou moins confervées.

960. Les forces expulfives fouterraines qui ont projeté toutes ces matières, de même que la couche de bafaltes qu'on voit inférieurement dans

P 4

le vallon voiſin, n'agiſſoient donc pas
par un ſeul point du centre à la circonférence verticalement. Plus vigou-
reuſes ici que dans les autres volcans
connus, ces forces durent preſſer, avant
l'expulſion, les montagnes ſuperpoſées
aux concavités enflammées, & ces feux
enfermés, au lieu de ſe faire jour à
travers une ſeule ouverture circulaire,
formèrent une épouvantable crevaſſe
longitudinale dont il reſte encore la
forme dans le cratère du volcan.

961. Si l'on rapproche ici les autres monumens des ſecouſſes volcaniques, on trouvera la raiſon ſuffiſante
des bouleverſemens du voiſinage & des
fentes des montagnes dans la direction de la force de projection du volcan de Jaujac ſupérieure à celle des
autres volcans. Les agitations inteſti-
nes dérangèrent totalement la forme
antérieure des montagnes voiſines &
ſuperpoſées au gouffre enflammé, des
pics furent renverſés, des affaiſſemens,
des déchirures & des fentes ſuccédèrent
à l'ancienne union continue des mate-

res , & préparèrent ainfi dans le voifinage des réfervoirs à la houille , que
la principale bouche ignivome devoit
expulfer en forme de liquide , comme
nous le verrons bientôt.

962. A préfent , fi l'on demande
la caufe de ce furcroît de forces expulfives du volcan de Coupe de Jaujac , fa fituation femblera réfoudre cette
difficulté.

On ne fauroit d'abord l'attribuer à
une plus grande quantité de matières
à expulfer, puifque les laves vomies
ne font pas plus confidérables que les
laves des autres volcans qui préfentent
moins de défordres.

963. Cette multiplication de fentes ,
de filons & de déchirures , ne peut
être caufée, d'ailleurs , par un fol plus
facile à divifer & moins compacte , &c.,
puifque le fol fondamental de la bouche faillante du volcan de Coupe de
Jaujac eft compofé de granits de même
nature que ceux qui avoifinent d'autres
volcans.

964. Les forces fupérieures du vol-

can de Jaujac viennent donc de ce
que les matières fondues se trouvèrent
ici resserrées , cantonnées dans un espace isolé ; car c'est ici un des volcans les
plus bas du Vivarais , & le plus éloigné
des autres volcans. Il ne fut donc sou-
lagé par aucune issue latérale , sa che-
minée fut unique , il ne put expulser
qu'à travers cette seule ouverture.

965. Les autres volcans , au contraire , très-voisins les uns des autres ,
provenans tous d'un feu souterrain
contenu dans un seul réservoir , se sou-
lageoient mutuellement en se prêtant
leurs orifices ; mais ici ces bouches trop
éloignées ne purent servir au soulage-
ment , & le terrain superposé éprouva
toute la fureur des matières souterraines embrasées ; il fut fendu , culbuté ,
renversé , il éprouva des secousses en
tous sens.

966. Il faut , après ces remarques
préliminaires , examiner l'état des laves
du volcan de Jaujac , aussi intéressantes que tout ce que nous avons dit sur
cette matière.

967. La couche inférieure eſt la plus ancienne de toutes, puiſque, après ſon émanation au dehors, & après ſon refroidiſſement, elle ſervit de fondement à toutes les couches ſupérieures.

968. Or, cette couche fondamentale eſt de la nature de la houille ; elle n'en diffère que par des altérations poſtérieures : cette houille qu'on voit ſortir de la bouche même du cratère, en la ſuivant depuis cet endroit, n'ayant pas eu une matrice auſſi profonde que celle qu'elle trouve dans les filons, offre quelques altérations ; elle approche davantage de l'état de pierre, elle ne fait point un feu ſi vif ni ſi ardent, elle s'allume même très-difficilement, parce que expoſée davantage à l'action de l'air, n'ayant d'autre couvert que des laves poreuſes & légères, elle a été ainſi livrée aux injures des temps, de l'eau, du froid & du chaud, & a perdu ce que les Chimiſtes appellent ſon phlogiſtique, ſa partie inflammable ; tandis que les houilles conſervées dans le

ſein de la terre , placées la plupart fort profondément , réſiſtent davantage à ces injures.

969. Au deſſus de ces courans de houille ſe trouvent des courans de laves ſpongieuſes émanées du volcan après la lave-houille. Cette lave ſecondaire enveloppe comme un manteau toute la montagne volcanique , elle forme les élévations qui conſtituent le cratère , de même que les boſſes qu'on voit de part & d'autre à l'entour de ce cratère hériſſé d'aſpérités & de monticules , tandis que la lave-baſalte a coulé dans la vallée inférieure , & s'eſt ſuperpoſée à la lave-baſalte de pluſieurs autres volcans.

Voilà les couches du volcan de Coupe de Jaujac : il eſt entouré de châtaigniers qui ſe plaiſent ſur ce ſol, qui y acquièrent une belle forme & beaucoup de fertilité ; le cratère en eſt rempli.

970. L'origine de la houille qu'on voit, par ce fait , prolongée depuis le cratère juſques vers le bas de la mon-

tagne, eſt expliquée d'une manière incontestable : ces amas de charbon combuſtible ne feront plus déſormais une décompoſition de forêts enterrées.

971. Toutes ces obſervations ſe trouvent confirmées dans les volcans qui ſont ſitués entre le Mezin & le Velay, au-delà des montagnes du Vivarais : j'ai vu dans pluſieurs endroits la houille diſpoſée en lits & en filons dans les enfoncemens, & la lave-baſalte couvrir ce minéral. Il eſt vrai que cette houille que j'ai obſervée, étoit en petite quantité ; mais comme il n'eſt point queſtion des quantités, mais plutôt de la nature de la choſe, la houille ſe trouvant poſée ici entre le baſalte & le ſol granitique fondamental, paroît devoir ſon origine à des émanations volcaniques.

972. On peut demander ici comment ce minéral ſi combuſtible n'a point été conſumé par le courant de feu qui a repoſé ſur lui ; mais il faut obſerver que, pour la combuſtion, il faut le concours de l'air qui dut man-

quer dans le cas préfent : d'ailleurs,
la houille dans notre fuppofition étoit
fortie elle-même de l'intérieur de la
terre, où le feu actif ou au moins la
chaleur de la terre l'avoit préparée.

　Ces faits particuliers ne font point
ifolés fur cette matière. M. de Genfanne, qui a parcouru le Languedoc,
confirme notre théorie & nos obfervations fur les charbons de terre, par
l'obfervation fuivante. » *Les cantons du
Vivarais*, dit-il, *qui ont été volcanifés
ou incendiés par les volcans, forment
un alignement prefque parallèle à celui
des charbons de terre.* Cet alignement
commence à Rochemaure fur le bord
du Rhône, fe dirige vers le Mont-
Coiron, paffe du côté de Jaujac,
Thueitz, Montpezat & la Chartreufe
de Bonne-foi, & s'étend vers Pradelles. Ici cet alignement fe divife en
deux branches. La première à droite
fe répand vers la plus grande partie
du Velay, & fe prolonge au-delà de
Clermont en Auvergne. La feconde
prend la gauche vers Langogne, va

gagner Cabrilhac , paffe par le Dio-
cèfe de Lodève , & defcend dans celui de Beziers du côté de l'Averne &
Nizas , continue fa route vers Saint-
Tiberi , Agde & Saint-Loup , & fe termine au Fort-Brefcou de la mer méditerranée. »

M. de Genfanne prouve ainfi , par
des faits , que les mines de charbon
de terre fuivent les volcans , à peu près
comme les laves fuivent les bouches
ignivomes , mais avec cette différence
que les laves paroiffent encore dans
un plus grand nombre de volcans ,
tandis que les filons de charbon de
terre ne fe trouvent contigus avec les
bouches ignivomes que dans le volcan de Jaujac , les hommes , les révolutions de la terre ayant coupé dans
les autres cette continuation depuis
les bouches volcaniques jufques aux filons fouterrains. Au refte , je ne pré-
tends point donner une femblable origine à toutes les mines de charbon
de terre : je fais que les montagnes
calcaires qui n'ont jamais été volca-

nifées en offrent la plupart des filons
confidérables.

973. Je n'ignore pas, d'ailleurs, que
les plus grands Naturaliftes, parmi lefquels paroît Scheutzer, attribuent l'origine de la houille ou charbon de terre à la deftruction des forêts : une
mine de charbon de terre, felon eux,
n'eft plus qu'un réfervoir de végétaux
pourris & pétrifiés, qui ont encore
une affez grande quantité d'huile pour
brûler. Ils croient que les feuilles,
les efpèces de fougères & autres plantes applaties qu'on trouve dans ces
veines de houille, font des reftes de
ces végétaux pourris & pétrifiés par
le laps des temps.

974. D'autres penfent qu'il en eft
de ces mines de charbon de terre,
comme des autres mines quelconques,
& qu'elles doivent leur origine à la
même caufe qui a produit les minéraux
fouterrains de date très-reculée. Tous
ces fyftêmes appuyés plus ou moins
par des obfervations locales, annoncent que la nature peut produire les
mêmes

mêmes effets par divers moyens : &
quoi qu'il en soit de ces systêmes, voici les vérités que présentent nos mines de charbon de terre du volcan &
des environs de Jaujac.

975. 1° Leur formation est postérieure à la formation de la montagne
qui les contient, puisque la matière
paroît avoir été introduite dans les sinuosités de la montagne sans laquelle
ses ramifications ne pourroient se sou-
tenir. Le charbon de terre n'est donc
point de même date dans sa formation que la montagne qui le contient.

976. 2°. Si la montagne a préexisté
à la formation de la houille, il faut
qu'elle ait eu des concavités prêtes à
recevoir la houille, puisque c'est dans
des concavités ou filons souterrains
qu'on la trouve.

977. 3°. Il faut encore que la houille ait été en état de liquéfaction, pour
pouvoir se précipiter dans les grottes
souterraines & en parcourir les sinuosités, l'état de liquéfaction étant seul
capable de permettre ce transport.

Tome II.   Q

978. 4°. Il faut que cette houille liquide ait coulé d'un réfervoir plus élevé que le fol où on la voit aujourd'hui, fuivant les lois des corps fluides.

979. Quoique nos mines de houille foient fituées fur un fol affez élevé, leur fource fut donc placée au deffus de ces lieux récipients ; auffi trouvons-nous dans la bouche volcanique du volcan de Jaujac la vraie fource de ce minéral & toutes les conditions néceffaires pour expliquer fon origine.

980. La première preuve fe préfente dans les couches qu'on voit partir du cratère même, & fe propager vers le pied de la montagne ignivome entre d'autres couches de lave poreufe rouge.

981. La feconde, c'eft l'affaiffement ou la *déchirure* des montagnes voifines, par l'action des tremblemens de terre qui ouvroient ainfi les loges & les filons propres à fervir de réfervoirs à la matière vomie.

682. La troifième fe trouve dans

la fupériorité locale de la bouche volcanique , d'où émanèrent les houilles
fur les lieux qui les reçurent.

983. La quatrième fe tire de la
préexiftence des lieux qui l'ont reçue.

984. La cinquième paroît par l'analogie de la fubftance vomie avec les
alimens des volcans. On fait que les
bitumes attifent ces feux fouterrains ,
& qu'il y a encore aujourd'hui dans
le Forez , pays abondant en mines
de houille , des concavités où cette
fubftance eft alumée , manifeftant même
au dehors fon état enflammé.

985. La fixième preuve fe trouve
dans la compatibilité de cette fubftance enflammée avec toutes les autres
fubftances volcaniques ; elle entretient
un feu véhément, fi on la mêle , en
petite quantité, avec des pierres calcaires qu'elle calcine ; elle fe combine
avec le fer le plus groffier , & forme
un machefer qui participe de la fubftance de la pierre & du fer , comme
le bafalte ; elle s'amalgame avec du
fable qu'on jette à poignée fur elle ,

Q 2

lorfqu'elle eft dans l'état d'incandefcence.

986. La feptième preuve fe tire de
la préfence de ces fubftances dans le
courant qui fort du cratère, mêlées avec
la lave poreufe, & formant diverfes
couches inclinées comme la montagne
de Coupe de Jaujac. Les houilles
en couche font ici, à la vérité, un
peu détériorées, defféchées, dénuées
d'une grande partie de leur phlogiftique, moins huileufes, & par conféquent moins propres à fe conferver
allumées, à caufe de l'élément terreftre qui domine fur toutes les autres
fubftances renfermées dans ce minéral:
elles font fufceptibles néanmoins d'un
degré de feu qui dure un efpace de
temps confidérable, & quoique defféchées par les injures du temps, aux-
quelles la houille fouterraine confervée par la douce chaleur de la terre
n'eft pas fujette, les houilles qu'on
trouve fur la montagne de Coupe de
Jaujac ont néanmoins une grande partie de phlogiftique, qui agit encore
lorfqu'on brûle cette fubftance.

987. La huitième preuve se tire des vapeurs gazeuses qui se sont manifestées quelquefois dans les mines de charbon de pierre de Jaujac, comme elles se manifestent dans toutes les mines de même nature : or, ces exhalaisons ont la plus grande analogie avec celles des volcans non éteints ; celles du volcan de Saint-Léger dont nous parlerons, présentent les mêmes phénomènes. D'un côte & d'autre, le soufre sublimé & mélangé avec d'autres émanations se manifeste évidemment.

988. La neuvième preuve paroît dans la grande quantité de matière sulfureuse que contient le charbon de terre de Jaujac. Personne n'ignore que le soufre est un des agens des volcans, qu'il émane en grande quantité de leurs bouches ignivomes, & qu'il en reste des traces dans toutes nos montagnes volcanisées & dans leur voisinage. Les mines de charbon de terre de Jaujac, encaissées dans le sein des montagnes, ont conservé ainsi le

Q 3

foufre qui les compofe en partie.

989. La dixième preuve fe tire des effets du feu fur la houille de Jaujac, femblables à ceux du même élément fur les laves volcaniques. Expofés à l'action du feu, la lave volcanique & le charbon de terre fe réduifent en une maffe fpongieufe, noirâtre, exactement femblable par la forme & par la couleur.

990. Toutes ces analogies, toutes ces raifons femblent démontrer l'origine commune de la lave & de la houille. Je croyois triompher déjà de ceux qui attribuent l'origine de ce minéral à la deftruction des forêts, en nous offrant des plantes incruftées dans ce minéral; je n'avois jamais obfervé de corps femblables dans le charbon de pierre de Jaujac, lorfqu'un maréchal me préfenta un morceau cubique de charbon de terre, coupé par la préfence transverfale d'un corps qui paroît réellement avoir été autrefois végétal. Frappé de ce coup d'œil, j'en cherchai la raifon, & voici celle qui fe préfenta à mon efprit.

991. S'il eft vrai que la matière ait été vomie en état liquide & abandonnée à fon propre poids, elle aura entraîné avec elle tous les corps qui fe feront trouvés à fon paffage. Pierres, fables, cailloux, morceaux de bois, tous ces corps auront été emportés par le courant de matière liquide.

992. On trouve donc aujourd'hui, en tirant la houille du fein de la terre, ces mêmes corps dont il ne refte plus que la forme : car les fucs de cette fubftance ont tellement pénétré ces corps étrangers, que tous leurs pores en ont été remplis.

Et ne voit-on pas du granit, du quartz, des cailloux roulés, des pierres calcaires, &c., dans toutes les laves quelconques ?

993. Ces corps végétaux trouvés dans la fubftance même de la houille de Jaujac, ne peuvent donc débiliter aucunement ce que nous avons établi.

Pour terminer cette théorie de nos mines de charbon de pierre, il ne manque plus qu'à examiner fi, dans

Q 4

fa fortie de la bouche volcanique, il étoit en état fangeux ou en état de fufion : je crois que le premier état eft le plus vraifemblable. *M. Morand de l'Académie des Sciences, a donné un grand Ouvrage fur cette matière.*

HISTOIRE NATURELLE
DU VOLCAN DE SOULIOL.

994. Du groupe des montagnes granitiques du Tanargues & du côté du Bès, part une branche de montagnes féparée par les vallées de Mayres & de la Souche ; cette chaîne *feconde* fe fubdivife encore à droite & à gauche en petites branches latérales *troifièmes*, & la chaîne fe propageant ainfi, depuis le groupe des montagnes majeures & granitiques, s'abaiffe peu-à-peu jufqu'à ce qu'elle arrive au confluent de la rivière de la Souche & de l'Ardèche, où la chaîne difparoît.

995. Or, ces deux rivières fe joignent en formant un angle fort aigu, & la chaîne des montagnes finit par

le volcan de Souliol, dont le fyftême de pofition, relativement à toutes les autres montagnes voifines, eft femblable au fruit d'un arbre ; exemple trivial mais très-naturel du fyftême comparé de nos montagnes.

La chaîne majeure eft, en effet, le tronc & la tige de l'arbre, les chaînes fecondes & latérales font les branches qui s'étendent à droite à gauche, les chaînes troifièmes font les branches fubdivifées, & le volcan de Souliol en eft comme le fruit attaché à l'une des extrémités des menues branches.

996. Voilà tout ce que je puis dire, pour faire concevoir la pofition relative du volcan de Souliol, & pour donner en peu de mots fa géographie phyfique. Sa bafe eft baignée par les eaux de l'Alignon, & fon cratère préfente une ouverture cônique du côté de Jaujac. Les injures du temps & les eaux détruifent & entraînent les laves du cratère, forment des ruiffeaux qui, coupant à pic les coulées fuper-

pofées de lave, décèlent les laves inférieures que les courans fupérieurs ont refondues, par leur incandefcence, jufqu'à une certaine profondeur.

997. Ces ravins creufés ainfi dans la lave fpongieufe, mobile, friable, légère, pulvérulente, noire inférieurement & rouge vers fa croûte fupérieure, offrent des précipices affreux qui dégradent les formes géométriques établies par les éruptions & par les forces expulfives : de forte que ce cratère ne fe montre plus en forme de cône régulier renverfé, on ne trouve plus ici les pentes douces & infenfibles vers le centre de l'entonnoir ignivome, mais plutôt dés élévations efcarpées, fouvent verticales, & fouvent interrompues par des avancemens de lave.

Le volcan de Souliol a vomi fes laves dans la rivière inférieure qui baigne la chaîne de montagnes granitiques, fur lefquelles il a pofé fa bouche faillante de laves fpongieufes. La coulée bafaltique eft pofée fur celle du volcan de Coupe de Jaujac.

998. La base de cette montagne volcanique est de granit secondaire, & c'est vers le nord & à côté des eaux de l'Ardèche, que se trouve le volcan de Saint-Léger. Ses feux couvés, manifestés par tant de phénomènes extérieurs, lui ont mérité une dénomination & un Chapitre particulier.

CHAPITRE IX.

HISTOIRE NATURELLE du volcan non
éteint de Saint-Léger ou de Neyrac
près de Mayras.

Description des Laves qui environnent
le Cratère. Poudingue remarquable :
vues sur sa formation. Description
de l'état actuel du Cratère. Histoire
des bains de Saint - Léger. Vertus
médicales de ses eaux minérales chaudes. Vapeurs méphitiques du Cratère. Histoire des découvertes modernes sur l'air fixe. Observations &
expériences faites dans le fluide méphitique du Volcan. Expériences sur
les Élémens , sur les Animaux sains
& malades. Conjectures sur l'origine
des exhalaisons gazeuses du Volcan.
Des trois états sous lesquels on doit
observer les Volcans : état d'éruption :
état d'ignition souterraine : état d'extinction totale. Preuves de cette division. De l'action du Gaz volcani-

que fur les plantes & les animaux qui l'infpirent. Digreffion fur la mort des noyés. Comparaifon des fympto-mes des noyés avec ceux des ani-maux frappés par l'action du Gaz volcanique de Saint-Léger.

Sub his montibus & terrâ ferventes funt
fontes crebri, qui non effent, fi imo
non haberent....... ardentes maximos
ignes. VITR. de ARCHIT. lib. 1.

999. SI quelque montagne mérite d'attirer l'attention des Naturaliftes, c'eft fans doute la montagne de Souliol, au pied de laquelle on voit le cratère de Saint-Léger ou de Neyrac. Ici fe trouvent des amas de lave tri-turée, mélangée avec des blocs de granit, des cailloux roulés & agluti-nés par un fuc lapidifique le plus com-pacte ; là fe trouvent des courans de bafalte qui occupent les environs de ce cratère. On obferve, d'un côté, un torrent d'eau minérale, d'où fort le fluide gazeux en abondance ; on ap-perçoit, d'un autre côté, des émanations

du même fluide , qui fe font jour à travers le terrain fec , & qui fe répandent dans l'atmofphère.

Tous ces objets méritent fans doute des recherches & des obfervations, puifqu'ils font capables d'étendre la fphère des connoiffances phyfiques les plus importantes , de dévoiler la puiffance des feux fouterrains , & de donner du jour fur leur durée & fur une partie de la Chimie qui attire l'attention générale de tous les Savans.

Encouragé par tous ces motifs , j'ai obfervé avec le plus grand foin ce beau volcan fous tous fes afpects poffibles ; j'ai ofé infpirer fa vapeur meurtrière , qui tue, prefque dans l'inftant, tout être animé qui la refpire ; & j'ai écrit fur les lieux & en préfence des objets l'hiftoire de mes découvertes.

DESCRIPTION DES LAVES QUI AVOISINENT LE CRATÉRE DE ST. LÉGER.

1000. Le volcan de Saint-Léger eft fitué dans la Paroiffe de Mayras à une petite demi-lieue de ce bourg, dans le territoire granitique, à côté de l'Ardèche qui baigne ses laves-poudingues & ses laves-basaltes ; il paroît avoir fait corps avec le volcan de Souliol, ou même avoir été une de ses bouches latérales ; il est situé comme lui vers la fin de cette chaîne de montagnes granitiques qui partent du grand Tanargues (994) : l'un & l'autre avoisinent le confluent des rivières d'Ardèche & d'Aligon, & le cratère de Saint-Léger n'est pas plus élevé lui-même de six toises au dessus des moyennes eaux de la rivière.

1001. Le lit de l'Ardèche qui baigne ainsi les basaltes qui touchent immédiatement le cratère est d'environ quarante pas de largeur ; ce lit le plus étonnant qui ait jamais existé, présente un pavé de cailloux roulés de basalte, de lave poreuse, de granit, & d'autres matières vitriformes, si bien aglutinés, qu'ils ne font qu'un seul & même corps le plus compacte.

1002. Si ces différens cailloux

étoient mobiles , ils formeroient entre
eux des vides confidérables : il n'eft
pas poffible que des corps de cette
forme fe joignent fans laiffer un efpace intermédiaire : or, une matière
vitriforme qu'on juge avoir été liquide , a filtré à travers ce caillou-
tage ; elle en a rempli tous les vides ,
elle en a fait un feul corps qui ne
fait point effervefcence avec les acides,
qui donne des étincelles vives &
brillantes lorfqu'on le bat avec le briquet , & qui eft enfin de la dureté des
granits les plus compactes.

1003. La pétrification granitique ou
vitriforme peut donc être moderne dans
la nature , puifque celle-ci fuppofe , par
les colonnes bafaltiques toutes entières qu'elle renferme, l'exiftence antérieure des volcans qui font très-mo-
dernes dans l'hiftoire des opérations
majeures de la nature.

1004. Pour avoir une idée nette
de cet amas de corps diftincts qui
n'en font plus qu'un , il faut fe repréfenter une carrière de ce beau marbre
caillouté

caillouté dont les parties font aglutinées par une matière de feconde date qui a agrégé tous ces corps divers, & qui en a formé un beau poudingue. Dans ce fens notre carrière de poudingue eft un marbre volcanique de nature vitriforme.

1005. D'après tout ce que nous avons dit, il fuit, premièrement, que cette maffe de poudingue n'a point fait de tout temps un feul & même corps comme aujourd'hui, puifqu'elle eft compofée de cailloux roulés qui doivent leur forme ronde au frottement des eaux avant leur conjonction. Secondement, le granit & le bafalte ayant chacun leur époque de formation diverfe & féparée dans l'ordre des temps, on ne peut dire que les cailloux de granit & les cailloux de bafalte réunis ici & ne formant qu'un feul corps, aient une origine fimultanée. Troifièmement, le caillou de bafalte & le caillou de granit formant deux corps féparés, l'union par l'intermède d'une troifième fubftance étant pofté-

Tome II. R

rieure à la formation d'un chacun, fait
conclure que le gluten qui les lie aujourd'hui a été fluide, puisqu'il a pénétré les finuofités, les angles & tous
les vides quelconques qui fe trouvèrent entre les cailloux de granit & de
bafalte : il refteroit à favoir fi ce
fluide fut igné ou aqueux ; mais avant
de conclure ou de foupçonner lequel
des deux put ainfi réunir ces fubftances,
il faut rapporter d'autres obfervations
faites dans le voifinage.

1006. Cette carrière, ou plutôt cette
grande table de poudingue qui forme
le lit de la rivière eft prolongée fous
deux chauffées de bafaltes qui règnent
à droite & à gauche tout le long de
la rivière, de forte qu'elle eft le fondement fur lequel fe font moulés les
bafaltes exiftans encore aujourd'hui
fur la même place où ils étoient lorfqu'ils fe repofèrent en état de fufion
dans leur marche ; de forte que les
blocs de bafalte & les cailloux de
bafalte inclus dans la maffe de poudingue, au lieu d'être le détritus des

bafaltes ambians , font des blocs de bafaltes antérieurs à l'éruption des bafaltes voifins qui exiftent encore fur place ; & ce qui démontre qu'ils appartiennent à un volcan d'une époque antérieure , c'eft qu'on voit des blocs de bafalte de la carrière de poudingue fondamentale, qui font inférés en partie fous la colonnade & en partie au dehors de cette coulée qui s'eft moulée fur les maffes de bafalte & de cailloux.

1007. Ici nous concluons, après toutes ces obfervations & tous ces faits préliminaires, que le bafalte fondu coulant fur le lit formé de cailloux de bafalte , de granit , de fables , &c. aura mis en fufion ce fable intermédiaire, que ce fable devenu liquide aura pénétré dans tous les interftices des cailloux granitiques , & qu'il en aura formé une feule & même maffe. On peut m'objecter que ce même feu roulant , ou plutôt la lave fondue , n'a point altéré la fubftance des cailloux , & que par conféquent il n'a pu fondre les fables.

R 2

1008. A cela je réponds, 1°. que les fables étant des détritus des corps granitiques, fondent bien plus aisément que le caillou granitique que nos feux ordinaires ne peuvent fondre : 2°. que nous ne pouvons point juger de l'action de cette lave fur le poudingue, parce que depuis long-temps les eaux ont corrodé la fuperficie fupérieure du contact de ces poudingues fondamentaux avec la lave qui fe mouloit au deffus : 3°. qu'il refte encore des points de réunion de cette maffe fondamentale avec la chauffée de bafalte, à l'extrémité latérale de la coulée ; mais la lave moins incandefcente dans ces lieux éloignés n'avoit ni le temps ni affez de force pour altérer ces maffes fondamentales, tandis que vers le milieu du torrent enflammé un courant de lave étoit fuivi d'un autre courant qui ajoutoit toujours un nouveau degré de chaleur perféverante dans le même degré, & qui adminiftroit, pour me fervir des termes chimiques, tout le feu poffible à la maffe fondamentale de cailloux, & mettoit en fufion les fables de la rivière.

Cette raifon me paroît fi plaufible, qu'on trouve des exemples d'une pareille fufion opérée par la lave fondue dans les matières qui étoient le lit fondamental du fluide igné.

Nous obferverons bientôt que le torrent de lave qui defcendit de la montagne de Coupe fondit la lave-bafalte qui exiftoit auparavant & qui étoit fon lit : nous verrons ailleurs que d'autres bafaltes fondus ont fait perdre à d'autres bafaltes fondus antérieurement & qui étoient inférieurs, leurs anciennes divifions en colonnes, &c. ; il ne paroît donc point extraordinaire que la lave-bafalte qui a coulé fur ce lit antérieur de fables & de cailloux, ait formé par la fufion un agrégat de tous ces corps diftinĉts.

1009. Le mouvement des eaux & la corrofion des corps qu'elles entraînent, ont creufé un lit très-profond d'abord dans le bafalte fupérieur à ces poudingues, & ce bafalte n'exifte plus

R 3

qu'en forme d'élévations latérales. Aujourd'hui le lit du poudingue se détruit peu-à-peu par la même caufe, jufqu'à ce qu'après avoir été totalement corrodé & entraîné, il ne préfente plus que le lit primitif ou le noyau de granit qui compofe toutes les montagnes des environs : alors on verra les couches fuivantes des deux côtés de la rivière felon cet ordre.

1010. Granit fondamental inférieur; au deffus couche de cailloux & de bafaltes aglutinés ; au deffus table de bafaltes ; au deffus encore couche de terre végétale.

DESCRIPTION DU VOLCAN DE SAINT-LÉGER. ETAT ACTUEL DE SON CRATÉRE.

1011. Le cratère du volcan de Saint-Léger préfente la forme ou l'enfoncement d'un amphithéâtre foutenu par des élévations latérales de roches de granit en forme de pic, qui terminent ce baffin.

Le fond de ce creux n'eſt point fort élevé au deſſus du niveau des eaux moyennes de l'Ardèche riviere voiſine ; il eſt couvert intérieurement d'une couche de terre végétale ſoutenue par diverſes murailles parallèles & placées les unes ſur les autres pour retenir le terrain ſelon la forme du ſol. Ce cratère préſente ainſi une partie d'amphithéâtre très-régulier, évaſé du côté de la rivière, ce qui altère un peu ſa forme géométrique.

1012. On peut diviſer cet amphithéâtre en champs ou plaines, & en nappes d'eaux minérales froides & chaudes qui ſortent, celles-ci du centre du cratère, & celles-là d'un lieu plus élevé.

Le cratère du volcan de Saint-Léger offre divers aſpects qui le diſtinguent de tous les volcans voiſins ; ſon élévation eſt peu conſidérable en comparaiſon de celle des autres cratères ; il eſt placé au pied d'une montagne & dans un vallon au fond duquel ſe trouve la rivière d'Ardèche qui

R 4

mouille les bords latéraux de ses laves.

1013. Cette élévation peu considérable contribue beaucoup sans doute aux phénomènes que présente le cratère, à l'abondance, à la multiplicité & au degré de chaleur des eaux minérales qui en sortent : les émanations volcaniques qui s'en élèvent de plusieurs endroits & qui donnent la mort à tout être vivant qui ose les inspirer, ayant ainsi peu de terrain à traverser, se font mieux sentir. Telle la célèbre grotte du Chien en Italie connue de tout le monde : tel le cratère du mont Vésuve d'ou sortent même de nos jours, *en temps de paix*, (si l'on peut appeler ainsi le temps où le volcan ne projette plus au loin de matières solides ou fondues), de simples exhalaisons mortifères qui éloignent de sa bouche les Naturalistes & les voyageurs.

1014. Cette position du cratère de Saint-Leger est encore une des causes qui l'ont dépouillé de toutes les matières poreuses, pouzolaniques & autres qui enveloppent les montagnes volcaniques & forment leurs cratères. La simple vue de ce volcan de Saint-Léger annonce que la rivière inférieure étoit autrefois de niveau & même supérieure à ce cratère. Avant que les eaux eussent détruit la masse du pavé de Géans dont la superficie supérieure des côtés latéraux qui subsistent encore sont de niveau avec ce cratère, elles dépouillèrent aisément ce volcan de toutes ces matières mobiles dont la plupart surnagent à l'eau ; & c'est même ici le seul volcan dépouillé de tous ces matériaux, dont le cratère primitif subsiste dans le même état qu'il étoit dans les commencemens des éruptions, présentant autour de la bouche ignivome des pics de granit.

1015. La succession des temps a fertilisé le terrain de ce *cratère* : on en tire même une bonne récolte de blé annuelle & du fourage, pourvu que la vapeur volcanique souterraine ne fasse point périr ces diverses productions, &

qu'on foit attentif à nétoyer les puits
qui leur fervent d'iffue. Voyons donc
les divers objets qui nous intéreffent
dans ce cratère, & commençons par
l'hiftoire de fes eaux minérales fuivie
de quelques confidérations fur fes propriétés médicales.

HISTOIRE DES BAINS DE SAINT-LÉ-GER OU DE NEYRAC : DES USAGES ET DES VERTUS MÉDICALES DE LEURS EAUX.

Saint Léger, Évêque d'Autun, eut
beaucoup à fouffrir de fes ennemis du-
rant fon épifcopat. On raconte qu'il
fut traîné dans une pièce d'eau froide,
dépouillé de fes habits pontificaux,
qu'il fut enfuite étroitement lié &
traîné de nouveau dans une rue remplie de faletés & de fange.

C'eft en honneur des fouffrances &
des bains froids fur-tout de ce Saint,
que nos bains de Neyrac lui furent
dédiés & prirent le nom de *bains
de Saint-Léger* : on fonda encore une

églife en fon honneur près des fources d'eaux minérales chaudes dans le cratère même du volcan de Neyrac, que nous n'appellerons plus que *volcan de Saint-Léger*, pour lui conferver le nom des vieux documens.

La lèpre ayant paffé d'orient en occident par le retour , dit-on, des Croifés , comme les maladies vénériennes ont paffé chez nous par la voie des conquérans de l'Amérique , les lépreux eurent recours aux bains de Saint-Léger : les autres malades ne pouvant alors fouffrir leur fâcheux voifinage, abandonnèrent le local ; les feuls lépreux devinrent les propriétaires paifibles de nos eaux minérales , on fonda pour eux un hofpice contigu à l'églife de Saint-Léger.

La fucceffion des générations ou d'autres caufes ayant purgé le fang des Européens de la lèpre , maladie étrangère , & peut-être plus attachée au climat qu'au fang des hommes pris en général , les bains ne furent plus fréquentés par des lépreux , l'hofpice

tomba en ruine, les Proteſtans détrui-
ſirent enſuite la belle égliſe de Saint-
Léger, & il ne reſta qu'une très-pe-
tite chapelle dont on voit encore
quelques ruines. Dans les titres des archives de Mr. le Comte d'Antraigues
Seigneur du territoire de la paroiſſe de
Mayras dans le mandement de laquelle
ſe trouvent les bains de Saint-Léger,
on trouve quelques notices ſur ces
anciens bains.

1016. La premiere ſource des eaux
minérales de Saint-Léger la plus élevée de toutes, eſt un gouffre aſſez
profond, très-abondant; les eaux en
ſont froides, & il ſort du ſein de ces
eaux une grande quantité d'air gazeux
à gros bouillons. Au deſſous de ce
gouffre on trouve d'autres ſources
conſidérables ſuivies de pluſieurs autres inférieures, toutes de même qualité, ne différant entre elles que par la
chaleur de celle qui ſort du centre du
cratère.

1017. Mêlée avec les autres ſources ſupérieures, celle-ci perd bientôt

en fortant toute fa chaleur. Nous foupçonnions cette qualité dans quelqu'une de ces fources , & pour la trouver , je parcourus tout le conduit des eaux minérales , en le touchant ; car cette chaleur très-fenfible eft inconnue même au propriétaire du cratère : le paffage rapide des eaux froides fupérieures cache réellement cette chaleur , & il faut enfoncer le bras jufqu'à la pierre fondamentale , pour s'en avifer.

Telle eft en quelque forte la chaleur cachée des eaux du gouffre de Tivoli ; une infinité d'Écrivains voyageurs ont affuré qu'elles font froides : mais le Cardinal d'Efte ayant propofé des récompenfes à deux plongeurs pour fonder les profondeurs, le premier s'y plongea & ne parut plus : l'autre plus prudent s'enfonça jufqu'à dix palmes, & rapporta qu'à ce degré de profondeur , il avoit éprouvé une fi forte chaleur , qu'il en avoit la plante des pieds prefque brûlée.

Telle eft l'expofition locale des

eaux minérales ; elles laissent couler en certains temps au moins six pouces cubiques d'eau lorsqu'elles sont toutes réunies. Les galeux , ceux qui ont quelque ulcère , viennent se tremper dans le grand gouffre supérieur & s'en trouvent soulagés. Nous envoyâmes chercher nous-mêmes une certaine quantité de ces eaux pour tenter de guérir un enfant dont les mains depuis long-temps sordides étoient couvertes de petits ulcères fort vénimeux d'où découloit de temps en temps une humeur sale & mordicante. Cet enfant avoit souvent pris des bains d'eau toute pure pour appaiser la chaleur , le prurit & la douleur qu'il souffroit si souvent à cette partie ; mais cette eau simple sans propriété & sans action tempéroit d'une manière momentanée seulement l'ardeur qu'il éprouvoit. Quelques prises de ces eaux intérieurement & quelques bains de mains firent disparoître ces ulcères. Ses mains se couvrirent d'écailles qui tombèrent peu-à-peu ; la circulation fut rétablie, & ses mains, après quelques mois, devinrent aussi belles que jamais.

Cette guérison n'est point étonnante ; elle annonce l'usage qu'on pourroit faire si avantageusement de ces eaux gazeuses dans les maladies cutanées, en laissant entrevoir la manière dont elles agissent.

Le tissu de la peau de l'homme est extrêmement perméable ; les vaisseaux absorbans sur-tout, & tous les pores de la peau en général laissent entrer les molécules minérales extrêmement divisées, dans leur capacité : ces eaux tenant en suspens ce principe gazeux, pénètrent dans les plus petits vaisseaux, détergent tous les lieux farcis de la matière morbifique ; elles réparent leur forme souvent viciée par le virus qui y séjournoit, elles ouvrent les conduits obstrués, ferment ceux que la matière morbifique s'étoit pratiqués par erreur de lieu, & ces passages une fois désobstrués & détergés, une circulation de nouvelles humeurs

louables & naturelles vient les confolider & les nourrir, leur fubftance eft
rétablie & leurs fonctions recommen-
cent. Voilà les effets de l'eau gazeufe
de Saint - Léger. Ces eaux font donc
déterfives & incifives, propriétés néceffaires à la guérifon des maladies
cutanées; auffi les perfonnes de l'Art
emploient-ils toujours les adouciffans,
les incififs & les détergeans dans toutes les claffes des maux cutanés.

Appliquons ces raifonnemens aux
effets que les eaux doivent produire,
lorfqu'on les prend intérieurement, &
nous verrons qu'elles font propres à
enlever toute matière glaireufe ou al-
calefcente des premières voies, qu'elles doivent les neutralifer; en ftimulant
en même temps, & en donnant du
ton à l'eftomac & à tout le canal ali-
mentaire dans la débilité : auffi font-
elles pouffer par les urines & par la
tranfpiration toutes les humeurs mal
élaborées, & elles font purgatives enfin, comme je l'ai éprouvé plus d'une
fois.

Voilà

Voilà les propriétés des eaux ga-
zeuſes du cratère de Saint-Léger. Ce
n'eſt que de nos jours qu'on a reconnu la nature de l'air gazeux, découverte qui rendra notre ſiècle à jamais célèbre, comme la peſanteur de
l'air, l'électricité, &c., ont immor-
taliſé les Savans qui s'en ſont occupés.

HISTOIRE DES DÉCOUVERTES DES FLUIDES DIVERS AÉRIFORMES FI- XÉS DANS LES CORPS.

Le Docteur de Sauvages eſt un des
premiers qui ait parlé, en France, des
gaz méphitiques ou de ce fluide aéri-
forme que contiennent, en état de fi-
xité, un ſi grand nombre de ſubſtances, depuis la roche calcaire juſques aux
animaux.

Il paroît pourtant que des Chimiſtes plus anciens en ont eu quelque connoiſſance; mais ils n'en ont
apperçu les propriétés que fort confuſément. L'hiſtoire de l'air atmoſphé-
rique n'étoit point encore perfection-

Tome II.   S

née, & les comparaisons de ce fluide fixé dans les corps & reçu dans l'air étant peu variées, leurs notions relatives étoient fort vagues.

Paracelse & Vanhelmont en ont parlé néanmoins avec beaucoup de sagacité : celui-ci observa que la fermentation en opéroit la séparation des substances susceptibles de fermenter, & que ce fluide faisoit périr les animaux qui le respiroient. Boyle vérifia ensuite les expériences de Vanhelmont.

Il étoit réservé à Hales, célèbre Anglois, de découvrir dans un grand nombre de corps la présence de l'air gazeux & d'en mesurer la quantité; il a même distingué le véritable gaz acidule d'avec l'air inflammable; & observant que ces fluides aériformes se trouvent dans tous les corps, qu'ils s'en dégagent par la décomposition de leurs parties constituantes; il s'est servi de la distillation, de la fermentation, de la combustion, des dissolutions, &c., selon la nature des substances à décomposer, pour en obtenir le fluide.

La Statique des végétaux où l'on trouve l'histoire de toutes ces découvertes a été traduite par M. de Buffon : ce qui suffit pour en faire l'éloge.

Black, Médecin d'Edimbourg, démontra ensuite que la pierre calcaire perd ou acquiert sa causticité par la présence ou l'absence de ce fluide.

Des illustres Français, & autres, ont perfectionné cette belle partie de la Chimie. Rendons hommage à la sagacité de MM. le Duc d'Ayen, le Duc de Chaulnes, Priestley, Meyer, le Comte de Saluces, Rouelle, Bucquet, Lavoisier, Macquer, de Lassone, le Comte de Milli, Cadet, l'Abbé Fontana, Sage, de Morveau, Macbride, Jacquin, &c.; ils ont fait les plus belles découvertes dans cette partie. La nature de cet ouvrage ne me permettant point d'en donner l'histoire selon l'ordre des temps, on peut consulter sur cet objet les Opuscules chimiques de M. Lavoisier de l'Académie des Sciences.

Observations et expériences faites dans le Cratére du Volcan de Saint-Léger.

1018. Le cratère du volcan de Saint-Léger, compofé de prairies, de champs labourables, & de nappes d'eaux minérales, n'eft qu'un grand crible à travers lequel émanent des vapeurs méphitiques en abondance. Il eft étonnant que ce volcan enclavé dans le centre de la France, Royaume peuplé de Savans, ait été fi long-temps inconnu, tandis que cent voyageurs connoiffent la *Grotte du Chien*.

1019. L'air méphitique fe fait jour à travers les terres labourables comme à travers les pièces d'eau ; il fort à gros bouillons de celles-ci, & fe range felon fon poids fpécifique au deffus de l'eau & au deffous de l'air, pourvu qu'il ne faffe abfolument aucun vent; car le moindre fouffle détruit cette économie, & combine les deux efpèces d'air, comme le vin & l'eau fe

combinent malgré la maſſe prépondé-
rante de ce dernier élément.

1020. Nous diviſerons en trois parties les expériences faites dans le volcan de Saint-Léger : elles ont été faites
dans divers creux que les propriétaires du champ ont pratiqués dans le
cratère , afin que les vapeurs ſortant
plus abondamment de ces concavités ,
ne deviennent point nuiſibles à leurs
récoltes, au pré, aux blés, &c, qui
ſont dans ce cratère. On a donc tort
de croire, en Vivarais, que le gaz
ſort d'un puits ; il n'y a aucun puits
dans ce cratère.

OBSERVATIONS ET EXPÉRIENCES SUR LES ÉLÉMENS.

1021. Nous étant apperçus que les
exhalaiſons avoient des élévations va-
riables , nous voulumes les comparer
avec les variations de l'atmoſphère terreſtre : pour exprimer ces variations ,
nous traçames une échelle graduée entre un baromètre & un thermomètre

S 3

attachés à la même planche, & nous
la posâmes dans l'un des creux. Lorsque le mercure descend par le changement de beau temps en pluie, il ne
sort presque plus d'exhalaisons. Elles
sont même insensibles si le changement
de temps se fait dans un court inter-
valle.

En général ces vapeurs se manifestent en hiver comme en été ; mais le
moindre changement de beau temps en
pluie ou en brouillards, les retient
dans le laboratoire souterrain, ou les
absorbe, comme celles du volcan de
Coupe.

1022. Or, cette absorption est si
considérable, que pendant & après les
fortes pluies, il n'y a aucune émanation méphitique. Il paroît donc par
ce fait, que la qualité plus ou moins
humide de l'air, ou peut-être son
poids, influent sur la variation de leur
élévation.

1023. Lorsqu'il règne un vent du
nord ou tout autre vent quelconque,
pourvu qu'il soit violent, les exhalai-

fons font prefque infenfibles , non pas parce qu'elles ceffent de fortir , mais parce que l'action de l'air agité les divife & les fait évaporer. C'eft une obfervation conftante.

1024. Leur plus haute élévation au deffus du fond des creux eft d'un pied & demi , & cette élévation varie au deffous felon l'état de l'atmofphère plus ou moins humide ou légère.

1025. On connoît bien au jufte l'élévation de cette vapeur gazeufe , par l'effet qu'elle produit fur le feu. Une bougie allumée qu'on defcend dans le creux commence à languir vers le voifinage de la vapeur ; elle languit de plus en plus , à mefure qu'on la defcend davantage : enfermée dans l'atmofphère , elle s'y éteint fubitement ; mais cela n'arrive qu'après un dépériffement fucceffif & antérieur.

1026. Le charbon allumé & introduit dans l'atmofphère volcanique s'y éteint auffi , mais peu-à-peu comme dans la machine du vide.

1027. Une lampe allumée , pofée

S 4

au fond d'un large cylindre, & dont l'orifice ouvert monte bien au deſſus de la vapeur, ne communiquant qu'avec l'air pur de l'atmoſphère terreſtre, s'y conſerve : ſi l'on ouvre l'orifice inférieur plongé dans l'exhalaiſon du volcan, elle s'y introduit, & la lampe s'éteint.

1028. Quelque conſidérable que ſoit un corps enflammé, il s'éteint ſubitement, pourvu qu'il ſoit tout entier dans la vapeur volcanique ; ainſi une grande poignée de paille qui donnoit environ un pied carré de flamme, s'éteignit dans le moment même de ſa totale introduction dans la vapeur.

1029. L'aimant y attire le fer à ſon ordinaire.

La cire d'Eſpagne électriſée par frotement, attire auſſi les mêmes corpuſcules.

1030. La poudre à canon & le ſalpêtre y brûlent comme hors de la vapeur. La poudre fulminante, un coup de fuſil, la bouche du canon étant introduite dans la vapeur, y éclatent avec la même force , le même bruit & le même feu , comme au dehors.

1031. Si l'on enflamme une longue traînée de poudre , elle s'embrafe totalement dans l'inftant.

1032. Si l'on fubmerge en partie dans le gaz méphitique une planche qui porte une traînée de poudre d'un bout à l'autre ; fi l'on allume la poudre hors de la vapeur , le feu fe propage jufqu'au paffage de l'air atmofphérique à l'air gazeux : là il paroît être en fufpens ; mais elle s'enflamme enfuite jufqu'au fond.

1033. Une allumette foufrée allumée dehors s'y éteint ; en s'éteignant , il en exhale une vapeur jaune qui fe combine avec la vapeur volcanique , au lieu de monter fupérieurement : la vapeur qui fort de la poudre dans fon inflammation fe combine auffi , mais moins parfaitement , avec la vapeur volcanique gazeufe.

1034. Si l'on jette du foufre fur une pèle de fer rougie au feu & expofée dans la vapeur du volcan , le

ſoufre fond ſans s'allumer ; il s'y convertit en vapeur jaune , & ne laiſſe
ſur le fer qu'un peu de matière noire ,
terreſtre : telles , mais plus légères ,
les cendres du papier brûlé.

1035. Si avant la totale volatiliſa-
tion des parties tendres du ſoufre on
le retire au dehors , il ne durcit plus
en ſe refroidiſſant ; mais il devient
tenace & viſqueux comme de la glu,
& file entre les doigts en le pinçant.
Je n'ai pu obſerver les ſuites de cette
expérience, ayant perdu le ſoufre altéré
qu'on laiſſa tomber dans l'eau.

1036. Lorſqu'on veut brûler, à l'aide
d'un miroir concave ou d'une loupe,
un corps quelconque , un morceau d'a-
madou , on ne voit ni feu , ni fumée , le corps ſe torréfie, ſe décom-
poſe.

1037. Cette vapeur plus peſante
que l'air pur , ſe verſe très-aiſément
du vaſe A dans le vaſe B ; l'air qui
étoit dans le vaſe B en eſt chaſſé par
la vapeur du vaſe A , comme l'eau
qu'on verſe dans un vaſe vide en

chaffe l'air antérieur ; mais cette expérience doit être faite avec précaution & lentement, pour éviter le mélange ou l'abforption de la vapeur
par l'air de l'atmofphère.

1038. En introduifant des foufflets
vides d'air & fermés dans la vapeur,
& en dirigeant par leur jeu l'air volcanique fur des charbons allumés &
introduits dans la vapeur, on conferve plus long-temps ces charbons allumés dans ce fluide gazeux & volcanique.

1039. Nous avons rempli à demi
un gobelet d'eau favonnée, après en
avoir fait élever des bulles d'air à l'aide d'un chalumeau qui introduifoit de
l'air tiré par les poumons dans l'atmofphère pure terreftre, & ayant placé ce vafe dans la vapeur volcanique,
ces bulles s'y font confervées comme
au dehors.

1040. Ayant infpiré une fois l'air
volcanique, & ayant formé d'autres
bulles de favon avec cet air, elles fe
font auffi confervées dans la vapeur

volcanique comme dans l'atmofphère pure terreftre. Des bulles fufpendues au bout d'un chalumeau ont produit les mêmes effets.

1041. Je croirois volontiers que l'eau s'affimile cet air volcanique , & que cet air minéralife la fontaine qui fort du fein du volcan : car ayant laiffé un verre d'eau pure au fond du baffin méphitique , elle prit un goût aigrelet comme ces eaux minérales, mais très-peu confidérable.

1042. La compatibilité réciproque de l'air volcanique avec l'air pur de la terre , me fit effayer de faire voyager avec moi ces vapeurs volcaniques, en les enfermant dans un récipient fait exprès , pour montrer à mes amis les expériences que j'avois faites & que j'ai rapportées ci-deffus. Voici comment font exécutés mes récipiens.

J'eus un cylindre de verre d'un demi-pied de diamètre & d'un pied de hauteur ; il avoit deux couvercles mobiles qui fermoient le tout exactement comme le couvercle d'une tabatière:

un de ces couvercles a une ouverture ronde de deux pouces & demi de diamètre, qui fe ferme & s'ouvre par le moyen d'une plaque de fer-blanc ronde, qui tourne au tour de fon centre & qui a fix pouces de diamètre, avec une ouverture ronde. Sa mobilité eft telle que, tournant fur fon propre centre, elle ferme ou ouvre la petite ouverture qui doit communiquer dans le cylindre, & permettre les expériences qu'on veut faire dans le corps du cylindre qu'on doit faire exécuter en verre, pour qu'on voie à travers tous les phénomènes qui auront lieu dans le cylindre.

Le récipient étant ainfi préparé, on enleve les couvercles inférieur & fupérieur, & l'on pofe d'une manière verticale le cylindre vers le centre du fol du creux ; la vapeur qui s'en élève continuellement remplit bientôt la capacité en chaffant l'air : il faut alors fermer l'orifice fupérieur du cylindre dans l'atmofphère même de la vapeur ; il faut bien luter toutes les jointures

avec de la cire fondue dans la même
situation du cylindre qu'il faut renver-
ser & fermer aussi inférieurement de
la même manière. On peut alors tranf-
porter là où l'on voudra ce récipient,
& faire les expériences dont ce vafe
est susceptible dans sa petitesse.

1043. Nous avons éteint des bougies dans un récipient à-peu-près femblable à une lieue de distance du *cratère*
de Saint-Léger, & 4 à 5 heures après en
avoir tiré le gaz. Il nous a même paru
plus actif & plus malin, ayant donné
la mort dans le moment à plusieurs petits oiseaux vigoureux.

1044. Ce récipient rempli d'air gazeux du cratère de Saint-Léger dans
le mois d'août 1778, a été porté
à Paris le mois de novembre de la
même année, & le 28 de ce mois il
éteignit une bougie.

1045. L'air méphitique qui peut
fe combiner avec l'eau, s'en dégage
aisément : l'eau (1041), qui étoit
devenue acidule dans le cratère rempli de vapeur volcanique, ne fut plus

acidule à une lieue de diſtance. Les eaux minérales acidules du cratère perdirent même une partie de cette qualité à cet éloignement.

EXPÉRIENCES SUR LES VÉGÉTAUX.

1046. Ayant placé dans l'atmoſphère volcanique une grande motte de terre aſſez humeétée , & qui nourriſſoit une plante de chicorée & une autre de gramen, celle de chicorée a dépéri & s'eſt flétrie dans dix-huit heures , & celle de gramen dans vingt-quatre.

1047. Nous avons enfermé dans la même vapeur du volcan de Saint-Léger , un vaſe plein de jeunes plantes de ſeigle qui étoient nourries par un peu de terre humeétée. Elles périrent toutes dans moins d'un jour , & ſe fanèrent.

1048. Lorſque le propriétaire des champs du *cratère* de Saint-Léger oublie de nettoyer les trous d'où ſortent ces vapeurs mal-faiſantes , le gaz volcanique s'étend dans tout le cratère: sa moisson en est considérablement endommagée ; les grains sont menus, la plûpart des épis périssent avant de venir en maturité ; il semble que son champ a éprouvé une sécheresse brûlante.

1049. On ne voit dans ces creux peu profonds , ni dans leur parois intérieure , ni à leur bord extérieur aucune plante. Une ronce qui étendoit sa branche vers l'ouverture de ces trous dessécha dans huit jours.

Expériences sur les Animaux sains et malades.

1050. Un chat âgé d'un an , très-maigre , étique, mourut quelques secondes après avoir été placé dans la vapeur volcanique de Saint-Léger. Aucun secours ne put le rappeler à la vie.

1051. Un autre chat fort gras , bien portant, vigoureux & alerte , y resta en vie pendant deux minutes.

La

La vapeur méphitique l'inondoit , puifqu'une bougie s'éteignit à un pied au deffus de lui. Après la première minute , il entra dans des foibles convulfions , il ouvrit la gueule , & après divers fymptômes que nous décrirons à l'article du chien , il mourut à la fin de la feconde minute. On a fouvent trouvé dans les creux de Saint-Léger des oifeaux , des ferpens , des reptiles étouffés.

1052. J'attachai un chien , je le defcendis dans la vapeur , & dans l'inftant il parut étonné de fe trouver dans ce lieu ; il tourna fes regards de tous côtés , fe lécha les lèvres , montra les dens , fes yeux parurent groffir , la circulation du fang fut moins libre & les battemens du cœur furent plus lents ; il écuma , il alongea le cou comme pour refpirer un air pur ; fes jambes fléchirent , il alloit mourir lorfque je le tirai hors de cet air mortifère ; il fe laiffoit tomber fans figne de vie & fans battement de cœur.

1053. En l'élévant fort haut fuf-

Tome II. T

pendu par la queue , & en le fecouant,
je le reffufcitai ; fes quatre pates parurent acquérir les premières le mouvement & la vie; dans un quart d'heure
il fut auffi gai qu'auparavant.

1054. Après avoir fait quelques expériences rapportées ci-deffus , je repris le chien : fans aucune défiance
il fe laiffa conduire dans les mêmes
foffes & infpira de même les vapeurs
méphitiques de Saint-Léger. Un inter-
valle de temps plus court que dans la
première féance , fuffit pour le faire
entrer en fyncope ; je le vis ferrer les
dents , il piffa & fit des excrémens
prefque fluides , & ne pouvant plus
foutenir la tête , elle fléchit de même
que tous fes autres membres. Je le
retirai alors , je le pinçai avec la pointe
des cifeaux , je le jettai fubitement dans
l'eau froide minérale du voifinage , il
reffufcita de nouveau , & je le laiffai
repofer encore quelques minutes.

1055. Après s'être remis de ces deux
épreuves fi dures , il fallut entrer de
nouveau dans la maffe d'air mortifère.

Il reconnut cette fois seulement les malignes influences de ce creux, & parut refuser d'y entrer. Dans l'inftant il en éprouva la malignité. Il mourut quelques momens après, lorfque je lui refufai du fecours.

1056. Je le retirai dans le moment hors de l'atmofphère volcanique. Curieux de favoir dans quel état fe trouvoient fes parties intérieures, j'écartai d'abord fes machoires que je trouvai très-ferrées; fa gueule étoit tapiffée d'écume. La trachée-artère fut auffi toute écumeufe, de même que le poumon qui fe trouva vide, flétri, fans air, ni fang.

1057. Le cœur fut trouvé dans cet état. L'oreillette & le ventricule droit, de même que l'artère pulmonaire & les veines caves, étoient diftendus par la quantité de fang qui gonfloit tous ces vaiffeaux. L'aorte fut prefque vide de fang. Le fyftême général des veines de toutes les parties de l'intérieur du corps, montra ces vaiffeaux bouffis de fang; les artères en con-

tenoient une petite quantité. Les inteftins confervoient encore le mouvement
périftaltique avec toute fa force , & le
cœur gratté avec une pierre rude montra quelques reftes de force active.

1058. Je pris un autre chien , &
à l'aide d'une feringue , j'introduifis
dans fes entrailles de l'air méphitique
puifé dans les lieux les plus bas du
baffin plein de cette vapeur. Après
avoir confervé cet air l'efpace de dix
minutes , fans aucun figne de mal-aife,
je fis defcendre ce chien dans la vapeur , portant une poche qui enve-
loppoit toute fa tête , qui étoit ainfi
toute couverte de cet efpèce de fac
au fond duquel j'avois pofé un peu
de coton imbibé d'alcali-volatil-fluor,
de forte que cet animal ne pouvoit
point refpirer , fans recevoir dans fes
poumons l'air acide méphitique com-
biné avec l'air alcalin. A peine fut-
il jeté dans la vapeur , qu'il tomba
évanoui quelques fecondes après. En
le retirant hors du creux & en l'expofant à l'air pur de l'atmofphère, il

ne parut point acquérir l'ufage des fens, malgré l'afperfion d'eau froide & les frictions; mais il reffufcita, lorfque je lui tirai le fac imprégné d'alcali-volatil-fluor.

1059. Je jettai de nouveau l'animal dans la vapeur méphitique, où je le laiffai expirer; & lorfque je m'apperçus que la circulation du fang étoit totalement interrompue, j'ouvris fon corps. Les inteftins furent trouvés œdémateux, tâchés de couleurs noires, fans mouvement périftaltique.

1060. Un poulet que j'introduifis dans la vapeur, battit d'abord des aîles, pencha la tête & fuccomba fous fon propre poids. Je le retirai, je lui fis avaler quelques goûtes d'alcali-volatil-fluor, & dans l'inftant il reffufcita.

1061. Un jeune chien fut rappelé à la vie en le jettant dans un amas de neige, d'où il fortit avec autant de vigueur qu'avant d'avoir infpiré cette vapeur.

1062. Une vieille femme du voifinage nettoyant les baffins qui contien-

T 3

nent cet air volcanique & qui fe rempliffent des feuilles détachées, vers la
fin de l'automne, des arbres des environs, faillit à perdre la vie dans l'un
de ces baffins. Elle ne s'appercevoit
point de fa mort prochaine, lorfqu'on
vint la fecourir. Elle m'a affuré avoir
confervé pendant quelque temps une
fenfation dans l'organe de l'odorat,
qu'elle ne pouvoit m'exprimer, faute
de la connoiffance des termes néceffaires à caractérifer cette fenfation.
Voici quelle en eft la nature.

1063. J'ofai infpirer moi-même, trois
fois de fuite, cette vapeur mortifère,
& j'éprouvai dans l'organe de l'odorat un fentiment d'acidité. L'odeur eft
fi foible, qu'il faut avoir, je crois,
l'organe olfactif extrêmement exquis
pour l'éprouver. Un petit rhume, un
organe affecté d'une fenfation antérieure plus vive empêcheroient, je
penfe, de fentir l'effet de ce fluide
acide. Les preneurs de tabac qui ont
l'organe de l'odorat perpétuellement
farci d'une poudre irritante, ne me

paroiffent point jouir affez parfaitement de ce fens, pour être affectés
de cette odeur. Toujours, je puis
affurer en avoir trouvé la nature en
la qualifiant d'acide ; & cette affertion eft d'accord avec les expériences
faites fur les élémens, que j'ai rapportées ci-deffus.

1064. Mais un mal-aife général pu-
nit bientôt ma curiofité, un mal de
tête violent, une diarrhée fubite, un
dérangement dans les premières voies,
une véritable indigeftion des alimens
qui repofoient tranquillement auparavant, fuivirent mon expérience ; j'é-
prouvai tous les effets d'une purgation
forte ; un afthme, qui termina quelques
heures après, fut le dernier fymptôme
des maux occafionnés par mon impru-
dence. Après quelques jours de légère
incommodité & d'embarras, je me por-
tai bien comme auparavant.

1065. La vapeur qui fort à gros
bouillons des gouffres d'eaux minérales, & de toutes les pièces d'eaux minérales voifines de même nature, ne

T 4

me paroît pas différente de celle qui
fort des baffins ou creux fecs des environs de ces fources. En effet, ayant
placé dans un cornet de papier percé
de plufieurs petits trous, divers in-
fectes, des mouches, des papillons,
&c., je jetai ce cornet de papier dans
un bocal à demi plein d'air émané de
ces fontaines minérales ; & cet air fit
périr dans peu de temps tous ces animaux.

1066. Ayant fermé exactement une
bouteille prefque pleine d'eaux minérales , dès le moment qu'elle fut pui-
fée , elle éclata en pièces fans que les
morceaux de verre fuffent lancés au
loin. Une autre bouteille remplie dans
le même temps , n'éclata point ; mais
le bouchon fut élancé en l'air avec
force. Il paroît donc par ces dernières expériences , que l'air qui fort à
gros bouillons dès pièces d'eaux minérales de ce cratère , eft de même
nature que l'air volcanique qui fort
du terrain fec du même cratère.

1067. Si l'on obferve foignéufement

les figures des habitans du voifinage, & fi on les compare aux vifages des habitans de la paroiffe de Mayras, on trouvera que les payfans, les pay-fanes, les garçons & les filles qui travaillent par état dans les environs de ce cratère ou dans le cratère même, paroiffent exténués : des couleurs plom-bées, des chairs livides, jaunes, trem-blantes, éloignent les yeux de ces figu-res défagréables. J'ai vu pourtant une vieille femme dans les environs & un bon vieillard fort âgés. A Mayras, au contraire, les mufcles du vifage, les peaux, les chairs paroiffent en géné-ral plus folides, les yeux font plus vifs, & le peuple y jouit de tout l'embonpoint de ces contrées monta-gneufes. Il paroît donc que l'air atmof-phérique des environs de Saint-Léger abforbant une trop grande quantité de cet air gazeux & volcanique, con-tribue à effacer les beaux traits du vifage & l'embonpoint de fes habi-tans.

Conjectures sur l'origine et la nature des exhalaisons volcaniques de Saint-Léger.

1068. Ceux qui ont étudié les montagnes volcaniques pendant leurs éruptions, après leurs éruptions, & lorfqu'elles ne préfentent plus que des cratères éteints & des laves froides, font perfuadés des trois états diftincts d'un volcan.

Ces trois états font, celui d'activité ou d'éruption actuelle, celui où le feu intérieur non éteint renvoie au dehors des exhalaifons des corps fur lefquels il agit dans les concavités fouterraines, celui enfin d'extinction totale où il ne refte plus de tous les phénomènes des volcans que des laves froides & impuiffantes. Voilà trois grands états, trois règnes & trois époques diftinctes qu'on n'a pas féparés dans les diverfes hiftoires des volcans.

Lorfque les volcans font parvenus à l'état d'extinction totale, les élémens renverfent les monumens bâtis par les *forces expulfives*, & élevés en forme cônique & géométrique au deffûs du niveau du fol antérieur. Voilà l'objet de l'hiftoire du dernier règne des volcans.

Confondre ces trois états divers, c'eft, je crois, ne point faifir l'enfemble du fyftême général des montagnes volcaniques éteintes ou en éruption ; c'eft confondre trois états divers qui préfentent des nuances & des phénomènes qui nous montrent la véritable marche de la nature dans les volcans.

Parcourez l'Italie, vifitez en détail ce grand théâtre des feux volcaniques, & vous y trouverez des montagnes qui préfentent cette divifion naturelle que je ne veux ici prouver que par des faits.

1°. Les volcans à bouche béante y exiftent encore & forment la première claffe des volcans ; tels font ceux de l'Etna & du Véfuve.

2°. Les folfatares préfentent les volcans de la feconde claffe ; leur émanation méphitique, les flammes qui s'élèvent quelquefois de leur sein, leurs eaux gazeuses & chaudes annoncent les feux souterrains qui n'ont plus la force de projeter des matières solides, mais qui brûlent d'un feu caché, & poussent au dehors des vapeurs de divers minéraux sublimés, tantôt sulfureuses, tantôt méphitiques, selon les matières sur lesquelles agissent les feux de ces sortes de volcans, que je me représente comme de chaudières immenses brûlantes dans l'intérieur de la terre. L'Hécla lui-même brûloit dans le siècle passé ; il n'offre plus aujourd'hui ni bouche, ni fumée, ni feu, mais des eaux chaudes seulement.

3°. Les volcans éteints de l'Italie, enfin, n'offrent plus que les masures de ces anciens incendies, sans feu, sans émanation, sans aucune action quelconque : ils n'offrent que les médailles muettes des feux qui les agitèrent ; de sorte qu'on ne peut juger, que par analogie avec les volcans brûlans, de leur ancien état de feu : tels sont les volcans éteints du Vicentin, du Véronois, &c.

Nous n'avons point en Vivarais des volcans à bouche béante , ni en éruption ; mais nous avons un volcan non éteint de la seconde classe , & qui est de la nature des solfatares. Qu'on jette les yeux sur l'histoire de ces sortes de volcans non éteints de l'Italie, écrite par M. de Fougeroux de Bondaroy , de l'Académie Royale des Sciences , qui a voyagé en Italie en Naturaliste très-éclairé & en philosophe, & qui le premier a décrit les phénomènes qui distinguent les volcans non éteints ou les solfatares d'avec les volcans en éruption , & l'on jugera de l'analogie & de la ressemblance de ces volcans de la seconde classe avec le volcan de Saint-Léger , dont nous écrivons l'histoire. Les solfatares & le volcan de Saint-Léger sont des espèces d'amphithéâtre , ou des bassins réguliers conservés encore après l'expulsion des matières. Les plantes ne croissent aucunement dans ces volcans , elles périroient même dans celui de Saint-Léger , sans les divers bassins creu-

sés par les propriétaires, d'où s'échappe
la vapeur.

Dans les solfatares & dans le volcan de Saint-Léger, les bassins n'offrent que des rochers dépouillés de
terre & de plantes ; ils sont fendus,
calcinés, brûlés. Des minéraux sublimés s'élèvent de la bouche des volcans de cette espèce, en Italie comme
en Vivarais : les uns & les autres laif-
sent sortir des eaux minérales chaudes,
& quelquefois des flammes passagères
qui s'éteignent dans l'instant ; & com-
mes ces montagnes ont brûlé autrefois, on doit conclure que ces exhalaisons méphitiques & ces feux follets
sont les derniers efforts opérés par les
restes des feux souterrains qui, quoique cachés, n'existent pas moins dans
le sein de la terre. Témoin ce feu
visible encore de nos jours dans le
Forez, pays hérissé de lieux volcanisés & remplis de matières bitumineu-
ses, de charbon de terre, de sources
d'huile de pétrole & autres alimens
des volcans. Ce même pays n'offre-

t-il pas des excavations que j'ai vues, d'où fortent des indices manifeftes d'un feu fouterrain qui brûle fans le concours ni le jeu de l'air extérieur ?

Le volcan de Saint-Léger doit donc être rangé parmi ceux de la feconde claffe, parmi ceux auxquels il refte encore quelques feux intérieurs. Ces vues fondées fur des faits ne peuvent être rejetées que par ceux qui n'ont jamais vifité les régions volcanifées, ni étudié les nuances des forces des volcans, depuis leur état d'éruption, jufques à celui d'une paix générale opérée par l'extinction totale des feux internes. Or, il faut, je l'avoue, une longue fucceffion de fiècles, pour parvenir d'un point à l'autre de ces deux extrêmes, puifque la grotte du Chien renvoyoit fes vapeurs mal - faifantes, fous l'empire de Tibère, qui eut la cruauté d'y faire étouffer deux efclaves.

1069. Voilà donc trois fortes de volcans qu'on ne doit point confondre, puifque la nature les fépare, & dans l'ordre des temps & dans l'ordre des

matières qu'ils élaborent & qu'ils expulfent. Les volcans en action jettent des feux, des matières vitrifiables fondues, divers minéraux plus ou moins altérés. Les folfatares élaborent encore long-temps après les éruptions dans l'intérieur de la terre ; mais épuifés de forces projectiles, ils n'élancent plus aucun folide ; les minéraux fublimés qui font toujours de nature acide fulfureufe, fe font jour & diftinguent ces folfatares des vieux volcans totalement éteints. Au refte, le volcan de Saint-Léger paffera bientôt de l'état de folfatare à celui de volcan éteint : fes émanations méphitiques ne font point chaudes ; fes eaux minérales ne font que tièdes, & fe refroidiffent à deux pieds de l'ouverture d'où elles fortent : bientôt elles feront d'un degré de température égal à celui des autres fontaines minérales des volcans éteints du voifinage. Malgré cette extinction prochaine, ce volcan préfente encore des phénomènes qui ne doivent point l'exclure du rang des folfatares.

res. Il n'eſt point autant caractériſé que celles d'Italie, mais ils l'eſt aſſez pour être placé parmi les volcans de cette claſſe.

Cette diſtinction des volcans en volcans, en action, en ſolfatares & en volcans éteints s'accorde, d'ailleurs, parfaitement avec l'hiſtoire de ces montagnes, conſidérée dans l'ordre chronologique. Les volcans éteints les plus anciens de tous, ſont ceux qui ſe préſentent ſous un aſpect de deſtruction & de vétuſté. La plupart ont perdu leur forme cônique, leur cratère & les courans de lave depuis ce cratère, juſqu'à l'endroit où l'on trouve aujourd'hui les derniers reſtes iſolés des laves : aucun n'a conſervé les formes géométriques établies par les forces projectiles & les matières projetées.

Les ſolfatares de date plus récente ſont mieux conſervées.

Les volcans allumés ſe préſentent, enfin, dans toutes les formes ordonnées par le feu projetant des matiè-

Tome II.   V

res qui coulent autour de la montagne & dans les vallées.

1070. Nous pouvons confirmer encore notre fentiment par les obſervations faites en Italie ſur les volcans. Le Mont Véſuve, avant l'éruption de 1631, avoit reſté cent trente-un ans ſans donner des feux : ſa bouche avoit mille pas de profondeur, & cinq mille de circonférence ; ſes croupes étoient ornées de beaux arbres & le fonds de prairies ; trois étangs étoient compris dans ce cratère ; l'eau de deux étoit amère, l'eau du troiſième étoit chaude & ſans goût. On eût dit que le Véſuve étoit un volcan à jamais éteint : il couvoit néanmoins des feux puiſſans qui ravagèrent enſuite toute la campagne. Cette éruption du Véſuve eſt une des mieux connues depuis celle que Pline a décrite, juſques à celles que le célèbre Hamilton, ambaſſadeur de la Grande-Bretagne à Naples, a décrites dans un magnifique Ouvrage dont on connoît l'exactitude.

Toute ſorte de preuves annoncent

donc les trois états divers des volcans ; état d'embrasement , état de
feu couvé , état enfin d'extinction totale : confondre ces trois états divers ,
c'est ne point saisir la marche de ces
feux de la nature.

1071. La présence d'un feu couvé
& caché dans les souterrains volcaniques de Saint-Léger donne un grand
jour à l'origine des gaz méphitiques qui
en émanent : en effet , le gaz se dégage des corps ou par distillation ,
ou par combustion , ou par amalgame ,
ou par dissolution , ou par fermentation.

La combustion volatilise le gaz des
substances solides de la pierre calcaire.
Par exemple :

La fermentation fait élever celui des
substances molles animales ou végétales.

La distillation donne les gaz fixés
dans les fluides.

Les dissolutions & les amalgames , en
séparant les parties agrégatives d'un
corps , ou en agrégeant des parties hétérogènes pour composer un seul tout ,

V 2

facilitent la féparation du fluide gazeux fixé dans certaines fubftances.

Or , on ne peut point dire que le
fluide gazeux & volcanique de Saint-
Léger tire fon origine de matières
animales par la fermentation : le terrain brûlé du voifinage , les granits
latéraux , les bafaltes environnant la
totalité du local, éloignent cette idée.

L'on ne fauroit dire encore que c'eft
à la fermentation végétale que ce volcan doit l'émanation de fes gaz , puifqu'il feroit encore fort fingulier d'ima-
giner une forêt embrafée inférieurement , ou même un tas de végétaux
qui pourriroient dans une concavité volcanique , & formeroient de fontaines
gazeufes chaudes , de flammes volti-
geantes , &c.

Une diftillation imaginaire , ou l'a-
malgame fouterrain de quelques fubftances , ne font point non plus admif-
fibles ni raifonnables : je croirois donc
que la volatilifation du gaz méphitique de Saint - Léger eft opérée par
un feu fouterrain & par la combuftion

des matières calcaires qui les laiſſent ſéparer des matières incandeſcentes.

1072. Or , il eſt ſi vrai qu'il exiſte inférieurement des maſſes calcaires , quoique tout le cratère ſoit environné de granit & ſitué dans le territoire granitique , que j'ai une ſuite d'échantillons de lave du volcan de Souliol (qui fait corps avec celui de Saint-Léger) dans leſquels ſe trouvent des noyaux granitiques & calcaires. Les volcans de Souliol & de Saint-Léger ſont enclavés pourtant dans le terrain granitique.

Croyons donc avec plus de raiſon que le volcan de Saint-Léger ou de Neyrac contient encore dans ſon ſein , comme la plupart de ceux d'Italie , une partie du feu qui ravagea le voiſinage , qui vomit l'énorme coulée de laves inférieures , & qui ſe manifeſte encore ſous tant de formes ; & concluons que nous avons bien dénommé ce volcan , en l'appellant *volcan non éteint de Saint-Léger.*

P. S. Les Epoques de la nature ,

V 3

Ouvrage de M. le Comte de Buffon, viennent de paroître. Flattés de nous trouver du même fentiment que ce célèbre Ecrivain, nous allons rapporter fes paroles fur les volcans qu'il divife en trois efpèces : « Je pourrois citer, dit-il, un très-grand nombre d'autres exemples qui tous concourent à prouver que le nombre des *volcans éteints* eft peut-être cent fois plus grand que celui des volcans actuellement agiffans ; & l'on doit obferver qu'entre ces deux états, il y a, comme dans tous les autres effets de la nature, des états mitoyens, des degrés & des nuances dont on ne peut faifir que les principaux points. Par exemple, les folfatares ne font ni des volcans agiffans, ni des volcans éteints, & femblent participer des deux. Perfonne ne les a mieux décrites qu'un de nos favans Académiciens, M. Fougeroux de Bondaroy ». M. de Buffon rapporte enfuite les phénomènes qui diftinguent les folfatares des volcans agiffans ou éteints, qui confiftent dans l'émiſſion foible de fumée , ou de flamme ſulfureuſe , ou d'air chaud , ou de ſublimations , ou de matières vitrioliques , ou de vapeurs qui n'ont beſoin que de l'approche d'une flamme pour brûler elles-mêmes.

« Les eaux thermales , continue M. de Buffon , ainſi que les fontaines de petrole & des autres bitumes & huiles terreſtres , doivent être regardées comme une autre nuance entre les volcans éteints & les volcans en action. Lorſque les feux ſouterrains ſe trouvent voiſins d'une mine de charbon , ils la mettent en diſtillation , & c'eſt-là l'origine de la plupart des ſources de bitume : ils cauſent de même la chaleur des eaux thermales qui coulent dans leur voiſinage ; mais ces feux ſouterrains brûlent tranquillement aujourd'hui ; on ne reconnoît leurs anciennes exploſions que par les matières qu'ils ont autrefois rejetées , &c. »

Les eaux chaudes , les émanations méphitiques , les roches échauffées , &c. , du volcan de Saint-Léger doi-

V 4

vent donc être placées parmi ces fortes
de volcans mitoyens , entre les volcans agiffans & éteints, qu'on trouve
fur la furface de la terre. Le même
Auteur dit ailleurs tome 9 , pag. 198 ,
« Quoique les éruptions aient ceffé
lorfque les mers s'en font éloignées ,
leur feu fubfifte , & nous eft démontré par les fources des huiles terreftres , par les fontaines chaudes & ful-
fureufes qui fe trouvent fréquemment
au pied des montagnes. Ces feux devenus plus tranquilles depuis la retraite
des eaux , fuffifent néanmoins pour ex-
citer de temps en temps des mouvemens intérieurs & produire des légères fecouffes , dont les ofcillations font
dirigées dans le fens des cavités de la
terre , & peut-être dans la direction
des eaux ou des veines des métaux ,
comme conducteurs de cette électricité ». A la page 204 on trouve enfin
ce qui fuit. « Lorfque ces éruptions
ont ceffé , la plupart des volcans ont
continué de brûler , mais d'un feu paifible & qui ne produit aucune explo-

fion violente, parce qu'étant éloignés des mers, il n'y a plus de choc de l'eau contre le feu : les matières en effervefcence & les fubftances combuf-tibles anciennement enflammées, continuent de brûler.......... Il y a auffi quelques exemples de mines de charbon qui brûlent de temps immémorial, & qui fe font allumées ou par la foudre fouterraine, ou par l'eau, ou par le feu tranquille d'un volcan dont les éruptions ont ceffé. Ces eaux thermales & ces mines allumées fe trouvent fouvent, comme les volcans éteints, dans les terres éloignées de la mer. La furface de la terre nous préfente, en mille endroits, les veftiges & les preuves de l'exiftence de ces volcans éteints : dans la France feule nous connoiffons les vieux volcans de l'Auvergne, du Velai, du Vivarais, de la Provence & du Languedoc : en Italie, prefque toute la terre eft formée de débris de matières volcanifées, & il en eft de même de plufieurs autres contrées. »

De l'action des Gaz sur les plantes et les animaux qui les inspirent.

1073. Les phénomènes qui demandent le concours de l'air pur, pour avoir leur effet, n'ont jamais lieu, lorsque l'air atmosphérique est banni de leur voisinage, ou lorsqu'on leur substitue un autre fluide. Ainsi, le feu qui a besoin d'une grande quantité d'air élastique pour agir sur les corps, s'éteint dans l'eau & dans le fluide méphitique. La seule poudre à canon présente une exception à cette règle ; nous l'avons vue s'embraser, dans nos expériences, au centre même des exhalaisons méphitiques, parce que, contenant dans elle-même une très-grande quantité d'air enveloppé de matières inflammables, elle n'a pas besoin du jeu de l'air de l'atmosphère pour s'enflammer.

1074. Les végétaux qui inspirent l'air de l'atmosphère, & qui dépérissent bientôt, lorsqu'on les enduit de

quelque matière graffe qui ferme l'ave-
nue à l'air, ne peuvent, par les mêmes
principes établis ci-deffus, fe conferver dans les vapeurs méphitiques de
Saint-Léger. Leurs petites trachées af-
pirantes introduifant ces funeftes miaf-
mes dans le corps de la plante, les
fonctions de l'être végétant opérées par
l'air pur, n'ont plus lieu : la plante
devient fèche & dépérit ; & c'eft ici
une démonftration de cette vérité annoncée par plufieurs Botaniftes.

Les animaux pétris de principes infiniment plus fenfibles & plus irrita-
bles, éprouvent auffi plus promptemen-
ment l'action de ce venin univerfel.
A peine le poumon, organe de la refpiration, a-t-il fenti la préfence de
cette vapeur mortifère, que fes forces
actives font fubitement attaquées ; &
comme cet organe offre des vaiffeaux
fanguins qui reçoivent le grand torrent du fang qui circule, la circulation
paroît être dérangée dès la feconde ou
troifième infpiration. Les ramifications
aériennes du poumon douées d'une fen-

fibilité exquife, entrent alors dans une
forte de contraction fpafmodique : ce
n'eft plus ici un atome porté dans cet
organe, qui occafionne une toux qui
fe termine lorfque le corps étranger
a été expulfé : ce n'eft plus un ulcère, ni du pus, qui, comme dans les
fièvres lentes, occafionne des prurits,
des points de douleur & des toux
accablantes ; toute la capacité de la
poitrine fe trouve généralement faifie
par cette vapeur volcanique, & quarante pouces cubiques de cet air en-
trant dans les poumons de l'homme,
dérangent, après quelques infpirations,
le jeu de cet organe. Les vaiffeaux
aériens fe froncent & fe refferrent à
caufe de leur irritabilité : le poumon
fe rétréciffant dans l'expiration, les
voies du fang fe rétréciffent auffi,
(comme l'a démontré le grand Bo-
herraave), le fang ne peut plus traverfer alors les vaiffeaux applatis, fermés par la *conftriction* de tout cet organe. L'artère pulmonaire s'engorge de
ce fang, qui ne peut plus traverfer les

petites filières qui aboutiffent aux veines. Le ventricule droit & l'oreillette
droite du cœur, les veines caves &
jugulaires, les vaiffeaux du cerveau
font ainfi remplis & diftendus de fang ;
tandis que, par les mêmes raifons,
le tronc des veines pulmonaires, l'o-
reillette gauche du cœur, le ventricule gauche & le tronc de l'aorte doivent être vides de fang, comme nous
l'avons montré dans le rapport des
expériences que nous avons faites. Ces
pauvres animaux fouffrant dans la vapeur, ont beau faire des efforts pour
infpirer ; les véficules aériennes une
fois contractées, refufent d'admettre
cet air volcanique : les yeux de l'a-
nimal fe tuméfient, deviennent rouges & femblent fortir de la tête ; il
fort la langue, le fang veineux rou-
git toutes les extrémités de l'animal
fouffrant ; il piffe, il fait des excrémens, il écume, il fue, & tous ces
fymptômes annoncent le refus du poumon d'admettre l'air gazeux, & le
défaut conféquent de circulation du

fang. L'animal meurt enfin , faifant des efforts redoublés pour infpirer un air que fes poumons refufent de recevoir , de la même manière & avec les mêmes fymptômes qu'éprouvent les animaux qui meurent dans le vide , ou ceux qui meurent dans l'eau , non point pour avoir trop bu , puifque l'eau ne pénètre pas toujours dans les poumons , mais pour n'avoir pas refpiré , & confervé , par le jeu alternatif de l'infpiration & de l'expiration , le jeu de la circulation.

Voilà , je crois , la théorie la plus plaufible de ces morts étranges. L'ouverture des animaux que je faifois périr dans les vapeurs de Saint-Léger , m'en a donné les premières idées ; j'ai toujours trouvé des poumons flétris & froncés , des fecrétions forcées , &c.

Mais fi l'on rend l'air pur à l'animal , fi l'on a recours aux frictions , à l'eau froide , il eft poffible encore de le rappeler à la vie. L'eau de luce , l'alcali-volatil-fluor , toutes ces eaux ftimulantes aiguillonnent le fyftême nerveux, l'agitent, le font contracter, déterminent le poumon à fléchir, à laisser introduire un nouveau courant d'air, donnent de l'énergie aux viscères affoiblis & gonflés de sang, & si une fois l'*inspiration* de l'air pur peut avoir lieu, le sang comprimé dans les veines se porte dans l'instant dans le poumon; une circulation nouvelle des humeurs recommence & continue la vie à l'animal, elle renouvelle l'ancienne économie de l'*inspiration* & de l'*expiration* de l'air, suivies de la circulation du sang du centre aux extrémités & des extrémités au centre.

De tout ce que j'ai écrit & observé sur les émanations volcaniques du volcan de Saint-Léger, je conclus qu'elles ne font qu'un fluide volatilisé par le feu souterrain & séparé par le même élément des matières sulfureuses calcaires, & des autres minéraux qui éprouvent aussi son action dans l'intérieur de la terre; que c'est un vrai gaz méphitique sans couleur ni opa-

cité élaftique , fpécifiquement plus pefant que l'air de l'atmofphère , fer-
vant comme cet élément de véhicule
au fon , mais incapable d'entretenir la
vie des animaux & des végétaux ni
la combuftion des corps, très-compa-
tible avec l'air pur avec lequel il
fe combine à l'aide d'un léger mouvement, comme le vin avec l'eau , fer-
vant de véhicule aux vapeurs , au froid
& au chaud , s'infinuant aifément dans
les interftices de l'eau. On peut confulter ce qu'en a écrit M. Macquer , de
l'Académie des Sciences , dans fon
Dictionnaire de chimie.

Comme la même théorie explique
la mort des noyés & de ceux qui font
frappés de la vapeur du charbon, nous
ne pourrons pas mieux finir cet article, qu'en rapportant en peu de mots
les fecours qu'on doit donner aux noyés
& à ceux qui ont infpiré cette vapeur du charbon.

Dans ces deux fortes de malades,
la circulation du fang n'eft que fuf-
pendue , & les uns & les autres font
                                    frappés

frappés des mêmes maux que les animaux qu'on fait expirer dans le cratère de Saint-Léger. Dans les uns &
dans les autres, la refpiration, & par
conféquent la circulation du fang dans
le poumon eft interrompue ; les vaiffeaux de la tête ne peuvent plus fe
décharger dans la poitrine ; toutes les
extrémités font dans un état violent
de plénitude, avec cette différence
principale, que les noyés faifis d'abord
par l'eau plus froide que le corps,
font comme gelés & fouvent très-difficiles à reffufciter, à caufe du froid
de toutes les parties intérieures &
externes, tandis que ce fymptôme ne
fe trouve pas dans les afphyxiques frapp-
pés de la vapeur du charbon. De là
deux fortes de traitemens pour ces
deux fortes de malades.

Le noyé doit être rappelé à la vie
par des remedes irritans, par des frictions chaudes avec des flanelles, par
la préfence d'un grand feu, & par
l'infufflation de l'air dans le nez ou
dans la bouche, à l'aide d'un tuyau.

Tome II.   X

Or , cette dernière reſſource doit ſuivre les précédentes ; car avant d'avoir
échauffé le corps & ſur-tout la poitrine , les muſcles ſont encore dans
une trop grande contraction. Mais ce
remede eſt ſouverain, lorſqu'on ſent que
le malade eſt un peu échauffé & que
les vaiſſeaux ne ſont plus dans un état
d'opplétion ſi roide. Il faut irriter alors
le ſyſtême nerveux pour l'obliger à
faire agir les organes de la reſpira-
tion ; il faut chatouiller le malade , le
pincer légérement , le piquer dans les
parties les plus ſenſibles ſans lui nuire ,
lui donner des lavemens de fumée de
tabac , & à ſon défaut, de fumée de
ſarment de vigne ou de paille qu'on
fait irriter le poumon & les yeux. On
peut lui ouvrir les lèvres , les mouil-
ler d'eau de luce ou des Carmes la plus
ſpiritueuſe , ou d'alcali-volatil-fluor ,
&c. ; l'on peut ouvrir un pain qui ſort
du four , & l'appliquer ſur les feſſes ,
ſur le dos, ſur le bas-ventre & ſur la
poitrine ; il n'y a point de moyen
plus efficace pour faire paſſer ſubitement

un torrent de chaleur dans le corps de ces malheureux. Au refte, on ne doit jamais oublier cette règle à laquelle n'ont pas fait attention les Médecins qui ont écrit fur la méthode de reffufciter les noyés. C'eft que lorfque tout le corps des noyés eft faifi de froid, on ne parvient jamais à rendre aux poumons le jeu de la circulation, fi les parties éloignées & externes ne font point capables de recevoir le fang des premières voies fanguines ; or, elles ne le font point tant que ces extrémités reftent roides, inflexibles & glacées. Si l'on échauffe d'abord le poumon, on obtiendra peut-être quelques infpirations, quelques contractions du cœur, mais les extrémités fe refuferont à recevoir ce fang : il faut donc commencer par échauffer les extrémités, & fur-tout celles qui font les plus épaiffes, où il faut par conféquent une plus grande quantité de chaleur pénétrante, difpofer les vaiffeaux les plus éloignés à fe ramollir par cette douce chaleur, & échauf-

X 2

fer la poitrine & ſes environs les derniers. Le ſang s'étend alors du centre
à la circonférence avec un eſpèce d'é-
quilibre dans tous les vaiſſeaux arté-
riels : il ne trouve nulle part aucune
réſiſtance , les veines reçoivent ce nouveau fluide avec le même équilibre ;
le jeu de la circulation recommence
ſans obſtacles , le noyé eſt reſſuſcité.
Je ne parle ici que d'après un grand
nombre d'expériences que j'ai faites ſur
des animaux divers, & ſur les mêmes animaux que j'ai reſſuſcités. Le chien n'eſt
pas de difficile retour à la vie lorſqu'on obſerve cette méthode. De quatre chiens, j'en ai rappelé trois à la
vie, en les échauffant peu à peu dans
du ſable ardent, d'abord par les pieds,
& inſenſiblement juſques à la poitrine,
tandis que le troiſième que j'échauffai
en premier lieu vers la poitrine, parut ouvrir les yeux, écumer, inſpi-
rer l'air ; mais cet air ne pouvant
pouſſer vers les extrémités roides des
vaiſſeaux le ſang qu'il chaſſoit des poumons, l'animal mourut.

Les afphyxiques frappés de la vapeur du charbon, demandent des fecours différens, quoique les mêmes caufes (la fufpenfion de la circulation) les mettent dans la même claffe de malades. Ceux-ci n'étant point froids vers les extrémités, la plénitude des vaiffeaux éloignés du cœur entretenant au contraire des excrétions très-copieufes, des écumes dans les premieres voies, dans la bouche, & par conféquent une chaleur également partagée dans tout le corps, les remèdes doivent commencer par l'infufflation d'air dans la poitrine : les irritans doivent enfuite être employés, comme l'alcali-volatil-fluor, les eaux fpiritueufes. Un noyau de glace placé fous les aiffelles, entre les cuiffes, peut occafionner des mouvemens falutaires des fluides d'un endroit dans un autre, & ce mouvement de tranflation, opéré par l'action des folides, peut déterminer le fang à faire des efforts, & à faciliter le nouveau jeu des fluides qu'on recherche. L'afperfion d'eau froide peut

X 3

produire le même effet : l'air très-pur, & même un courant d'air sont requis dans un pareil cas.

Ceux, enfin, qui n'ont été que légèrement incommodés par l'action de cette vapeur, doivent sortir des maisons, respirer le grand air, manger quelque chose, boire frais, mais respirer sur-tout un air courant & un air de campagne.

Je n'ai pas oublié qu'étant au collège, en quatrième, douze petits brasiers de charbon portés pendant un grand froid, surprirent par leur émanation tous ceux de la classe ; le plus vif des écoliers, que j'ai reconnu depuis lors jouir du tempérament sanguin, fut frappé le premier, quoiqu'il fût des mieux portans ; d'autres ressentirent peu l'effet du charbon, & ne tombèrent point évanouis comme lui ; des nausées, des maux de tête, de fortes envies de vomir, quoique à jeun, me surprirent d'abord ; mais la promenade, le grand air & un bon déjeûner firent disparoître le mal.

Au reste, cette épisode du traite-
ment des asphyxiques noyés ou frappés de la vapeur du charbon à côté
des animaux asphyxiques exposés dans
le volcan de Saint-Léger, ne paroîtra
pas déplacée à ceux qui sont convain-
cus que la Physique & l'Histoire Naturelle sont des sciences bien inutiles, si
l'on ne tourne les expériences & les
découvertes vers le bien de l'homme.
Voilà la réponse que je fais à ceux qui
ne cherchent ici que des volcans.

1075. De tout ce que nous avons
écrit sur toutes ces matières, (depuis
999 jusqu'à 1071), il suit, 1°. que
l'amphithéâtre de Neyrac est un cratère, puisqu'il en a la forme; 2°. que
c'étoit ici une bouche ignivome, puisqu'il est environné de basaltes; 3°. que
ce cratère avoit ses laves spongieuses
noires & mobiles comme tous les volcans
décrits (282 & suiv.), puisque ayant
percé à travers un lit de rivière, l'Ardèche en a emporté les matériaux lé-
gers, détachés & mobiles; 4°. qu'il
existe encore ici un feu souterrain,

X 4

puisqu'il décompose les substances, volatilise le gaz fixé, & laisse émaner des
eaux chaudes; 5°. que ce gaz méphitique
peut sortir de tout le cratère criblé
de bouches gazeuses, puisque les eaux
minérales en donnent en quantité, &
puisque un trou profond, fait dans ce
cratère, donne du gaz, &c.; 6°. que
ce gaz ne sort pas d'un puits, puisque les quatre excavations ne sont que
de soupiraux faits machinalement par
le propriétaire des terres labourables,
qui a déterminé ainsi la gaz à sortir
par deux ou trois endroits seulement;
7°. que, pour donner une dénomination naturelle à ces émanations, il paroît qu'il convient de les appeler gaz
méphitique du volcan de Neyrac ou
de Saint-Léger.

A Antraigues le mois de mai 1778.

CHAPITRE X.

Résultat des observations comparées des volcans de Coupe, de Craux, de Mezillac, de Montpezat, de Thueitz, de Jaujac, de Souliol & de Neyrac. Confluens des laves - basaltiques de ces différens volcans. Vue du confluent des laves du volcan de Craux & de celles de Coupe sous Antraigues. Confluent des laves de la vallée de Burzet & de celles du volcan de la Gravenne de Montpezat au pont d'Aulière. Confluent général des laves du volcan de Coupe, de Jaujac, de Neyrac, de Souliol, de Thueitz, &c. au Pont de la Baume. Superposition des courans. Elévation respective & niveau des cratères de ces volcans. Fontaines minérales, volcaniques, vitrioliques, gazeuses & ferrugineuses de la base des montagnes volcanifées. Monticules qui environnent les cratères. Direction des forces expulsi-

ves. Communication souterraine des bou-
ches volcaniques. Recherches sur le
nombre total des colonnes basaltiques
de tous ces volcans.

1076. TOus les volcans que nous
avons décrits ci-dessus ont les plus
grandes ressemblances entre eux. Les
uns & les autres sont placés sur des
montagnes à chaîne, & vers les confluens de plusieurs ruisseaux ; ils sont
tous situés d'ailleurs dans la zone granitique & peu éloignés de son passage au sol calcaire.

1077. Or, comme les vallées dans
lesquelles leurs courans ont coulé, se
réunissent, ces courans basaltiques s'é-
tendant dans ces lieux les plus enfoncés comme des fleuves de métaux fondus, se sont superposés de telle sorte,
qu'un courant descendu d'une vallée
à droite a été couvert d'un courant
supérieur descendu d'une vallée à gauche, & c'est cette superposition comparée que nous examinerons, lorsque

nous voudrons assigner l'époque respective des incendies.

1078. Des raisonnemens vagues & arbitraires ne feront point la base de nos assertions sur ces objets. Les faits nous conduiront à établir cette chronologie avec bien plus de certitude que la chronologie-morale des actions de l'homme, qui ne fut jamais fondée sur des monumens aussi authentiques. Nos vues sur cet objet sont fondées sur les principes établis (1098) : ils sont susceptibles de démonstration mathématique , puisqu'il est aussi vrai de dire que les courans inférieurs placés au dessous d'autres courans appartiennent à des volcans plus anciens , qu'il l'est qu'on bâtit le rez-de-chaussée d'une maison isolée avant le premier étage.

1079. Les remarques faites sur cette superposition nous éléveront peu à peu jusques vers les volcans de date la plus reculée ; nous comparerons les formes de ces volcans de plusieurs époques , leurs degrés divers de destruction, la nature de leurs laves, la quantité relative de matière projetée, & nous conclurons ensuite quelques vérités de toutes ces observations isolées.

1080. Les phénomènes que présentent les confluens divers des laves de plusieurs volcans, qui, ayant coulé dans plusieurs vallées, se réunissent à leurs jonctions, se juxtaposent ou se superposent mutuellement, sont les plus intéressans. On apperçoit toujours que la coulée inférieure déjà refroidie & peut-être déjà cristallisée en prismes, a éprouvé des fusions secondaires opérées par l'incandescence de la masse roulante : les prismes ont changé de forme par une seconde fusion, & le système général de cristallisation en a reçu une régularité plus constante. Observations qui s'accordent avec la bonne physique, comme nous le verrons ci-après, & avec les lois observées par la cristallisation.

1081. Antraigues est bâti entre deux rivières, dont le confluent est au dessous de ce bourg ; il est ainsi situé à l'extrémité d'une chaîne de montagnes subdivisées, qui est une ramification de la chaîne seconde qui part du couchant vers l'orient, ou de la Montagne vers les monts Coiron.

1082. Les laves du volcan de Craux (930) & celles du volcan de Coupe ayant coulé dans les vallées correspondantes qui environnent Antraigues, se sont étendues horizontalement à droite & à gauche, & se sont superposées selon leur antériorité d'éruption. Toute la vallée en étoit remplie, depuis la roche basaltique de Fromag, jusqu'au lit de la rivière, avant que l'excavation du lit de la rivière eût été formée par le courant des eaux subséquentes. Or, c'est à cette époque, ou avant l'excavation de la lave du volcan de Craux, que celui de Coupe projetant ses courans basaltiques sur celui de Craux, établit une seconde coulée dont on admire la superposition, l'horizontalité & les substances intermédiaires.

1083. Cette coulée ardente roulant sur celle de Craux détruisit d'abord la division géométrique de ses colonnes jufqu'à la profondeur de fix à huit pieds , & ce bafalte fondamental ne fut plus qu'un liquide qui , pendant fon fecond refroidiffement avec le bafalte fondu fuperpofé , éprouva de nouvelles divifions d'un autre ordre qu'il faut obferver foigneufement, puifqu'un fecond refroidiffement & une feconde fufion du bafalte hors du cratère peuvent fervir infiniment à la théorie de la formation du bafalte, en préfentant des faits dont la collection multiplie les idées & les réfultats.

On peut confidérer fous deux afpects divers le bafalte de Craux inférieur au bafalte de Coupe.

1084. Le bafalte de Craux fondamental fut moulé , tantôt fur une plaine & tantôt dans un vallon étroit. Or, l'action du bafalte de Coupe qui le refondit , varie dans ces deux états de la lave fondamentale antérieure , & cette variété doit être obfervée avec foin. Voyons l'action de la lave fupérieure fur le bafalte qui fe trouvoit moulé fur une plaine.

Cette lave horizontale fe voit fous Antraigues même du côté du couchant : la régularité des colonnes fondamentales annonce un fol régulier & en plaine. De cette plaine s'élèvent les bafaltes vomis en premier lieu par la montagne de Craux, & dont les divifions longitudinales font merveilleufes.

1085. Mais en obfervant cette belle couche de lave antérieure vers le point de contact avec la lave fupérieure fournie par le volcan de Coupe, la régularité difparoît, les colonnes y font détruites, une feconde fufion a mélangé ces prifmes que leur premier refroidiffement avoit divifés, formés, & de cette antérieure régularité géométrique, il ne refte plus que des divifions d'une feconde époque, dont voici la forme & le fyftême.

1086. La lave inférieure fondamentale, fondue & refroidie pour la feconde fois hors du cratère, ne préfente plus des divifions perpendiculaires, mais horizontales ; ces divifions forment des blocs de bafalte de forme lenticulaire , ou approchant de cette figure , posées horizontalement les unes sur les autres , séparées par d'autres blocs irréguliers dont on ne peut exprimer la forme , mais qu'on conçoit aisément en réfléchissant sur le vide qui se trouve entre un amas de plusieurs lentilles posées horizontalement les unes sur les autres.

1087. Cette couche de lave refroidie & fondue pour la seconde fois a donc changé tout-à-fait de forme , en recevant, pendant ces refroidissemens de la seconde époque , des divisions horizontales substituées aux divisions perpendiculaires qu'elle avoit antérieurement acquises pendant son premier refroidissement.

1088. Voyons à présent l'histoire du second refroidissement de la même couche de lave située dans un vallon en arc renversé.

Vis-à-vis le moulin à papier d'Antraigues , on voit la magnifique élévation de colonnes & les diverses éruptions basaltiques des volcans de Craux & de Coupe.   1089.

1089. On voit inférieurement la couche fondamentale des basaltes émanés du volcan de Craux, qui a rempli tout le vallon qui est à droite sous la montagne d'Aifac & à gauche sous la montagne oppofée.

1090. Les basaltes du volcan de Craux occupent tout l'espace qui est entre ces deux montagnes, & cette couche de basalte inférieure est étendue d'une montagne à l'autre, l'espace de deux cens cinquante pas.

1091. Les basaltes du volcan de Coupe, ayant coulé postérieurement fur les basaltes refroidis du volcan de Craux, les ont fondus de telle forte, que la maffe fondue des basaltes inférieurs, forme une portion de sphère dont la convexité fe préfente vers la terre.

1092. Cette étonnante convexité oppofée à la fusion horizontale de la couche précédente des mêmes basaltes de Craux, trouve fon explication dans la forme du vallon primitif qui fupporte toutes les matières volcaniques.

Tome II.   Y

En effet, on conçoit que si une matière fondue quelconque, se refroidit sur un sol horizontal & homogène, toutes ses parties se refroidissent dans la même raison, & avec la même économie dans toute la masse & dans tous les points possibles ; & si, au contraire, le même fluide se refroidit dans un vallon régulier, & formant un arc géométrique renversé, on conçoit que les refroidissemens ne peuvent se faire sur un tel sol, que dans des points qui forment aussi entre eux des lignes concentriques avec le centre de l'arc du vallon.

Donc la fusion du basalte inférieur déjà froid, n'aura pu s'effectuer qu'en forme convexe vers le sol fondamental, qui est, comme on le voit par un seul coup d'œil, de cette forme. Telle est l'histoire des laves - basaltiques du volcan de Craux, posées sous les laves - basaltiques de la montagne de Coupe.

1093. Mais, outre les cas précédens qui trouvent, à mon avis, leur

explication dans les principes expofés ci-deffus, ces mêmes bafaltes inférieurs du volcan de Craux préfentent encore un phénomène fingulier,
qui confirme ce qui a été établi fur
cette matière, je parle des colonnes de
bafaltes aglutinés.

1094. On trouve, en effet, au pied
de la montagne même de Craux, une
réunion de maffes de bafalte que la
feconde fufion imparfaite n'a pas fondu tout-à-fait, mais qui a été fuffi-
fante pour fouder un bafalte avec fon
voifin, à-peu-près comme les verres
fe foudent mutuellement. On ne peut
fe laffer d'admirer ces réunions de bafaltes, qui n'en font plus qu'un feul
depuis ce fecond refroidiffement, &
qui reffemblent à ces colonnes gothiques de nos Eglifes, dont le fyftême
ordinaire préfente des pilliers fort menus & fort élevés.

1095. Tout ce que nous avons dit
(*depuis* 1081 *jufqu'à* 1094) fur la
fuperpofition mutuelle des courans bafaltiques des volcans de Craux & de

Coupe, & fur leur confluent, doit
encore s'appliquer au confluent des laves des volcans, 1°. de Cros - de-
Peliffier au deffus de Burzet, qui a
vomi fes bafaltes dans la vallée, 2°.
de la Gravène de Montpezat.

Leurs courans précipités des vallées
de Burzet & de Montpezat fe font
réunis & fuperpofés vers le pont d'Aulière où fe trouve une magnifique chauffée taillée à pic par l'action des eaux
poftérieures.

C'eft fur-tout en montant de ce pont
vers Mayras qu'on obferve à gauche
une majeftueufe élévation perpendiculaire de bafaltes, & la fuperpofition
réciproque des deux coulées.

CONFLUENT GÉNÉRAL DES LAVES DES VOLCANS DE CROS - DE - PE-LISSIER, DE MONTPEZAT, DE THUEITZ, DE NEYRAC, DE SOU-LIOL ET DE JAUJAC AU PONT DE LA BAUME.

1096. Tous les confluens précédens

ne font rien en comparaifon des coulées fuperpofées du pont de la Baume :
je n'ai jamais rien vu de fi frappant
que ces entaffemens de laves fur des
laves vomies à plufieurs reprifes par
les volcans que nous avons nommés.
Toutes leurs vallées aboutiffent vers
ce rendez-vous général de toutes les
élévations volcanifées.

1097. La coulée inférieure forme
une colonnade de bafalte fort pur, bien
élaboré, & dont les prifmes font très-
réguliers. La coulée qui fuit fupérieurement, beaucoup plus élevée, offre des
prifmes qui font d'un autre fyftême de
divifion ; les colonnes qui fupportent
d'autres coulées fupérieures dont la
totalité eft d'un poids énorme, femblables aux antiques monumens élevés
par la main de l'homme, femblent
fléchir fous le fardeau, & s'incliner
toutes enfemble : leurs fections en tronçons offrent des angles coupés en éclats.

1098. Enfin, c'eft à l'angle faill-
lant bafaltique qu'on trouve en dirigeant fa marche vers Jaujac & à quel-

ques centaines de pas du pont, qu'on voit le plus diſtinctement la ſuperpoſition de toutes ces coulées baſaltiques.

Cet angle ſeul peut être un ſujet de méditation de pluſieurs années ; l'explication de la formation de ſes couches ſuperpoſées ſuppoſe la connoiſſance de tous les volcans qui l'ont formé à des époques diverſes. La deſtruction des laves contiguës & ſemblables, l'épaiſſeur relative de chaque courant, l'origine d'un chacun, les proportions des priſmes ſont autant de faits qui fourniront des réſultats qui ont droit d'intéreſſer tout Philoſophe qui veut connoître, par des faits, les événemens ſucceſſifs du globe terreſtre.

J'ai ſuivi chacun de ces courans, & j'invite tous les Naturaliſtes à les ſuivre après moi; chaque courant ſuperpoſé les conduira à ſa bouche ignivome. Des raiſons particulières m'obligent à ſuſpendre le réſultat de mes recherches : il paroîtra un jour, & il ſera la pièce juſtificative de l'hiſtoire chronologique de nos volcans ; je démontrerai avec autant de certitude, par la voie de la fuperpofition, quels font les volcans les plus anciens, qu'un architecte démontreroit que les pierres fondamentales du dôme des Invalides ont été placées avant la voûte fupérieure. Ma chronologie des volcans éteints, & cette partie de l'hiftoire ancienne du globe terreftre, qui fera appuyée par les obfervations faites dans les pays volcanifés, ne mérite donc point d'être rangée dans la claffe des écrits compofés dans les cabinets des Capitales, où une imagination exaltée fupplée aux obfervations locales. Des fueurs, des courfes pénibles, des voyages multipliés faits dans les vallées & jufques fur les pics hériffés, en ont été les travaux préliminaires. Je n'en ai tiré que les conclufions que fournit le fens commun. *Voyez à la fuite de cet Ouvrage, au fupplément, l'article du pont de la Baume, & l'hiftoire ancienne du globe terreftre, Chap. VII.*

1099. Le pont de la Baume eft ainfi

Y 4

appelé, d'une voûte basaltique qu'on trouve dans le voisinage : une masse quelconque dut servir de fondement à la coulée de laves, qui se moula sur ce corps saillant. La cristallisation en prismes de tout le voisinage, qui éprouva des obstacles à cause de ce dérangement, comme nous l'observerons dans la théorie des basaltes, ne put participer à l'acte général de la cristallisation de toute la coulée : le basalte décrépita dans les environs de cette masse fondamentale quelconque ; cette portion de la coulée devenue plus foible par la grande division de toutes ses parties, a perdu dans la suite plus facilement la cohésion de ses basaltes, & lorsque les eaux de l'Ardèche ont excavé à la longue le lit basaltique, elles ont excavé aussi cette partie que l'homme a pu façonner en forme de voûte.

DES FORCES EXPULSIVES.

1100. Après avoir observé le ré-

fultat des coulées bafaltiques des volcans décrits (depuis 882 jufqu'à 1015),
montons jufqu'à leurs bouches ignivomes , pour en obferver les forces projectiles & la direction de ces
forces.

De tous les volcans connus , il n'y
a que ceux que nous avons décrits,
qui laiffent appercevoir des traces de
ces forces fouterraines. Les volcans du
haut des montagnes font moins des
volcans que des terrains volcanifés :
les laves font la plupart tranfportées
pêle-mêle par l'action des eaux courantes ; de toutes parts on apperçoit
des déblais affreux de matières brûlées
fans ordre & fans correfpondance.

1101. Mais dans les volcans que
nous venons de décrire, les bouches
faillantes font encore bien caractéri-
fées : elles ont toutes la forme d'un
cône renverfé, elles font environnées
de monticules de matière brûlée fpongieufe & mobile : or , ces monticules
paroiffent avoir été formés par des
jets de matière brûlée, qui , variant

dans la direction de leurs projections, ont formé à droite & à gauche ces amoncelemens arrangés en forme de cercle à l'entour de la bouche igni-vome. La clôture des gouffres est oc-casionnée par la chûte des matières lé-gères spongieuses qui s'affaissent : peu solides dans leur position, s'écroulant aisément sur elles-mêmes, elles fer-ment bientôt le passage : les eaux plu-viales entraînent ensuite d'autres cou-ches qui fortifient cette voûte : le vol-can est ainsi fermé ; le feu souterrain ne se manifeste plus que par l'émanation des gaz, l'émission des eaux chaudes; encore ces eaux sont - elles froides au dehors, si elles ont un grand espace à traverser.

Tous les cratères ont des brêches semblables à celle des amphithéâtres des Romains qui tombent en ruine de quel-que part. Or, ces brêches, ces éva-sémens sont opérés par trois causes qu'il faut assigner, parce qu'elles entrent dans l'histoire des dégradations des monta-gnes volcaniques. La première dépend

de la forme du fol antérieur & fondamental, la feconde de la direction
des forces expulfives, la troifième, enfin, des effets arrivés poftérieurement
& occafionnés par l'action de tranf-
port des eaux courantes pluviales.
Obfervons en détail ces trois caufes.

1102. La forme du fol fondamental contribue d'abord à la direction
des forces expulfives. J'ai obfervé dans
les volcans dont j'ai donné l'hiftoire,
qu'ils avoient percé à travers les flancs
des montagnes granitiques & vers le
milieu de la pente : or, les matières
expulfées, ne pouvant fe foutenir fur
les plans inclinés, commencent à repofer fur la baffe vallée, enfuite elles
montent jufqu'à ce qu'elles foient de
niveau avec la bouche ignivome, & là
elles forment tout à l'entour des élévations en forme de cercle, qui confti-
tuent le cratère, & ce cratère eft toujours évafé du côté de la vallée &
non point du côté de la montagne,
parce qu'alors la direction des forces
expulfives n'étant pas verticale, mais

coupant au contraire, à angles droits, le plan incliné granitique & fondamental, les matières expulsées s'arrangent nécessairement selon cette direction.

1103. Telle la situation du volcan de Craux ; il a percé à travers une roche granitique fondamentale sur la pente de la montagne qui est en face du couchant. Telle la situation du volcan de Coupe du voisinage ; il a vomi ses laves du côté d'Aisac, & sa forme est calquée sur celle de la montagne antérieure. Telle celle des deux gravènes de Thueitz & de Montpezat ; la direction des forces expulsives coupe toujours à angles droits le plan du sol à travers lequel les matières sont expulsées.

1104. Le volcan de Neyrac offre une exception remarquable : ayant enfanté vers le bas de la vallée, & ayant posé ses basaltes & ensuite ses laves spongieuses, légères & mobiles sur cet ancien lit de rivière, les eaux postérieures minèrent d'abord ces amas de matières projetées, & passèrent

enfuite à travers la coulée bafaltique :
de forte qu'il ne refte plus , comme
nous l'avons dit ci-deffus (1011), que
la forme de la bouche primitive &
granitique formée en amphithéâtre ,
qui contient des terres aujourd'hui végétales , à travers lefquelles fortent les
matières gazeufes , &c.

1105. Nous devons obferver que
tous les volcans que nous avons décrits contiennent chacun une ou deux
fontaines d'eaux gazeufes , ferrugineufes , vitrioliques , dont la plupart
font chaudes : elles fortent à travers
les couches de lave , comme dans les
volcans de Jaujac , de Coupe d'Antraigues , de Mezillac , de Souliol , &c. ,
où à travers les fciffures de la roche
fondamentale granitique , comme dans
les volcans de Craux , de Montpezat,
&c. Le vitriol & le fer de ces eaux
proviennent des minéraux vitrioliques &
ferrugineux qui font les alimens des
volcans , tandis que la chaleur & le
gaz qu'on trouve en abondance dans
ces eaux , font occafionnés par les dé-

compofitions fouterraines qui fe font
encore dans l'intérieur de ces volcans,
& par la chaleur couvée qui fe trouve
dans leur fóyer fouterrain.

1106. En vifitant le cratère de Neyrac, ayez le bras nùd, enfoncez-le
jufqu'à deux pieds de profondeur, à
peu-près vers le centre du cratère, où
fe trouve un courant de ces eaux gazeufes; palpez les pointes des roches
qui s'y trouvent, vous les trouverez
encore toutes chaudes, de même que
les eaux qui fortent de leurs fciffures,
& vous conclurez que les Voyageurs
qui viennent de vifiter ce cratère, &
qui, en touchant la fuperficie de l'eau,
l'ont annoncée froide, ne font pas fondés dans leurs obfervations : ce qui
montre bien que ce n'eft pas en courant, ni en obfervant les formes, ni
la fuperficie, qu'on parvient à dévoiler
les faits de la nature.

1107. Il ne refte plus qu'à obferver l'élévation refpective de tous ces
volcans : or, mes obfervations barométriques, & quelquefois le rayon

vifuel, m'ont appris que les volcans décrits jufqu'à préfent ont leurs bouches à-peu-près parallèles & horizontales. *Voyez ci-après mes obfervations barométriques des divers lieux élevés de la France méridionale.*

1108. Leur communication fouterraine paroît certaine, fi l'on fait attention à l'homogénéité des laves projetées, & à la reffemblance des fubftances que préfentent, même de nos jours, les reftes inactifs de ces antiques incendies.

1109. Aucun de ces volcans ne paroît avoir été fous-marin à l'époque de fon éruption, & je me crois fondé fur plufieurs raifonnemens.

1110. 1°. Les fubftances vitrifiables qu'on trouve fous les couches de bafaltes & fous les autres fortes de laves volcaniques, ne paroiffent point avoir été fubmergées par les eaux de la mer. La coulée de bafaltes qu'on trouve de Vals à Antraigues, qui eft la plus baffe des coulées des volcans de la zone vitrifiable, repofe fur des amas

de cailloux granitiques & fur des fables de rivière. Nulle part on ne trouve
aucune fubftance calcaire fondamentale.
Or, fi ces lits de laves fondues euffent été jadis les lits de la mer, ils
auroient au moins quelqu'une des qualités de la pierre calcaire qu'on fait
avoir été la vafe des eaux maritimes.

1111. 2°. On ne fauroit dire que
les autres volcans de la zone granitique aient été fous-marins; car on trouve
fous les laves bafaltiques du volcan du
Pic-de-l'Étoile pris pour exemple, des
blocs de bafaltes plus anciens, arrondis comme des cailloux, implantés entre le fable fondamental du bafalte
fondu & le bafalte inférieur. Or,
fi ces lieux avoient été fous-marins, ils
n'offriroient point de bafaltes roulés &
arrondis en forme de cailloux fluvia-
tiles. Le lit de ces laves en fufion étoit
feulement un lit de rivières & non point
le lit de la mer : il étoit formé de
gravier & de cailloux, & non point
de coquillages.

1112. 3°. Les volcans les plus anciens

tiens du Vivarais n'ont pas même été fous-
marins. Dom d'Acher, Chartreux,
faifant excaver les fondemens de la Chartreufe de Bonnefoi, trouva diverfes fubftances étrangères à la mer, enterrées fous
les laves, entr'autres plufieurs morceaux
de bois pétrifiés ou réduits en charbon.
Or, la mer n'a jamais produit dans
fon fond des arbres tels que ceux dont
il nous refte, en Vivarais, plufieurs
morceaux pétrifiés.

1113. 4°. M. l'Abbé Roux, Prieur
de Fraiffinet, village fitué fur le fommet des montagnes du Coiron, a
vu les os d'un quadrupède enterrés
dans le fable qui fervoit de fondement
à une coulée de laves fupérieures.

1114. 5°. Dans les charbons de terre
émanés du volcan de Coupe de Jaujac j'ai trouvé des morceaux de bois
entraînés par la lave.

1115. 6°. Mais une preuve plus con-
vaincante fe tire de la forme même des
volcans à cratère, qui font fi bien confervés, que leur forme ?éométrique,
leur cône & tout leur ·érieur font

Tome II.   Z

encore à-peu-près les mêmes que pendant les éruptions : ces édifices font
néanmoins très-peu folides, à caufe de
la mobilité de leurs matières projetées : fi les eaux de la mer avoient battu
contre ces montagnes, n'euffent-elles
pas arrondi leurs fommités, comblé
leurs cratères mobiles, renverfé ces frê-
les élévations, puifqu'on attribue en
partie aux courans de ces mers l'excavation des baffins des fleuves dans des
territoires les plus compactes.

Ceux qui croient que ces défordres du continent font dus à la mer
& à fes courans, & qui croient encore
que les volcans fous-marins n'ont pas
été détruits quoique très-deftructibles,
ne raifonnent donc pas en conféquence
de leurs principes. Les volcans du Haut-
Vivarais n'ont jamais été fous-marins ;
mais nous en obferverons bien-tôt fous
les monts Coiron, dont les cratères
font effacés : les flots de la mer ont
détruit toute l'économie établie par
les expulfions.

1116. Que ces volcans aient été voifins de la mer lorfque fes eaux battoient le pied de nos montagnes & qu'elles dominoient au-deffus, par exemple, de la zone de pierre calcaire blanche qui n'eft mouillée aujourd'hui que par les eaux du Rhône, c'eft ce que l'analogie femble rendre plus croyable : les volcans fupérieurs établis fur les hauts plateaux granitiques du fommet des montagnes, attifés par les eaux maritimes, auront brûlé lorfque la mer inondoit toute la zone de marbre, & que les laves d'Aubenas & de Rochemaure étoient des courans fous-marins.

La mer avoit laiffé, à cette époque, le territoire du Coiron à fec ; elle s'en étoit retirée lorfque cet efpace incendié vomiffoit fes feux.

1117. Ses eaux ayant enfuite diminué, leur niveau ayant baiffé davantage, & les rivières ayant excavé les vallées profondes, les volcans de la dernière époque percèrent à travers ces déchirures & formèrent les volcans de l'avant-dernière époque. Ces vues que nous

Z z

établirons par la superposition & par
l'analogie, font soutenues d'ailleurs par
des raisonnemens que fourniffent les
élévations réciproques de tous les volcans du Vivarais. Nous verrons que
les volcans les plus élevés font les
plus anciens, & que les plus bas font
les plus récens.

Enfin, vers le commencement de
l'Ère chrétienne, les tremblemens de
terre, les feux de la terre & du ciel,
les fommets des montagnes culbutés, &
les autres phénomènes décrits par les
Hiftoriens du temps, annoncent que
ces volcans qui brûloient, & qui brûlent encore en certains endroits d'un
feu couvé, furent capables de produire divers ravages, quoi qu'en difent
ceux qui penfent qu'un volcan éloigné
de la mer ne peut brûler.

*Voyez à la fuite de cet Ouvrage mes
voyages minéralogiques dans le Viennois,
& les preuves hiftoriques des dernières
éruptions des volcans du Vivarais.*

Méditant un jour fur le nombre de
bafaltes qu'avoit vomi le volcan de

Coupe d'Antraigues fur un efpace de terrain, je crus qu'il ne feroit point impoffible de favoir à-peu-près le nombre total des prifmes qui appartiennent à ce volcan. J'examinai donc foigneufement le diamètre moyen des colonnes que j'exprimai en carrés pour calculer plus aifément. J'eus égard à la longueur de la coulée depuis le cratère jufqu'aux environs de Vals, & j'examinai quelle étoit la largeur moyenne de la vallée qui contenoit cette coulée bafaltique ; je fimplifiai ainfi l'état de la queftion réduit à cette demande : ayant déterminé l'étendue d'un terrain, combien de fois doit s'y trouver un bafalte de tel diamètre ?

Ayant ainfi opéré pour le volcan de Coupe dont j'ai été à portée d'obferver les coulées tous les jours de l'année, je crus que je pouvois faire les mêmes opérations fur tous les autres volcans, & ainfi de fuite jufques aux plateaux élevés des plus hautes montagnes qui offrent des coulées bafaltiques de plufieurs lieues carrées. Je vais

Z 3

donner le réfultat de mes recherches, en obfervant, 1°. que la longueur des coulées eft déterminée d'une manière certaine, le terrain qu'elles occupent ayant été mefuré ; 2°. que la largeur moyenne de chaque vallée eft établie entre la plus grande & la moindre largeur, & qu'enfin j'ai mefuré près de deux cens colonnes bafaltiques depuis les plus groffes, jufques aux plus déliées que je connois : j'en ai choifi le diamètre moyen ; j'ai tâché de m'approcher ainfi, autant que j'ai pu, de la vérité.

Le volcan de Coupe d'Antraïgues a vomi un courant bafaltique, depuis fon cratère jufques vers Vals, de quatre mille cinq cens toifes. La largeur moyenne de la vallée au bas de laquelle fe trouve ce courant, eft d'environ quinze toifes, & le diamètre moyen des colonnes, d'un pied, ce qui donne 2,430,000 colonnes.

Le volcan de Craux a vomi dans la même vallée, mais fa coulée eft moins longue de cinq cens toifes, ce qui donne 2,160,000 bafaltes.

Le volcan de Jaujac a vomi un courant de bafalte dont la largeur moyenne eſt d'environ trente toiſes. Le diamètre moyen des colonnes eſt d'un pied, & la longueur de la coulée de ſix mille toiſes, ce qui donne 6,480,000 priſmes baſaltiques.

Le volcal de Souliol a vomi une coulée baſaltique de 4500 toiſes de longueur dans une vallée où elle occupe trente toiſes de large. Le diamètre moyen des colonnes eſt toujours d'un pied, ce qui donne 4,860,000 colonnes.

Le volcan de Saint-Léger ou de Neyrac a vomi un torrent baſaltique de cinq mille toiſes de longueur, ſur trente de large. Ses baſaltes ont le même diamètre que ci-devant, ce qui produit 5,4000,000 priſmes de baſalte.

Les volcans de Thueitz & de Montpezat ont coulé dans une vallée juſqu'à ſept mille toiſes au-delà de leurs cratères. La largeur moyenne des courans eſt de trente toiſes ; ils ont donc l'un & l'autre 15,120,000 colonnes baſaltiques. Faites une addition de toutes ces sommes particulières de chaque volcan, & vous aurez le produit qui suit.

1118. Total général du nombre des colonnes prismatiques de basalte vomi par les volcans d'Antraigues, de Craux, de Jaujac, de Souliol, de Neyrac, de Thueitz, de Montpezat, non comprise la matière basaltique configurée d'une manière confuse, ni la masse des laves spongieuses, 36,450,000.

En voilà pour fournir à tous les cabinets de physique du monde savant ; mais à ce sujet, je suis bien aise d'avertir que les plus belles colonnes & les plus déliées se trouvent aux ponts de Rigaudel & de Bridou sous Antraigues & au dessus de Vals ; c'est de ces carrières que j'ai fait tirer, en 1778 ; celles que j'ai envoyées aux Académies de Dijon, de Lyon, &c., à M. Le Camus de l'Académie de Lyon, &c.

1119. Le calcul que je viens de donner ne regarde que les surfaces ; mais si je voulois avoir égard à la solidité & donner le produit en pieds cubes, je dirois que les fept volcans ci-deffus énoncés ayant vomi des coulées dont l'épaiffeur moyenne eft d'environ foixante pieds d'élévation, ont donné par conféquent 2,187,000,000 pieds cubes de matière bafaltique. Or, ce calcul n'eft point à négliger ; il nous annonce des concavités énormes fouterraines qui reftent vides, fans doute, après les expulfions.

CHAPITRE XI.

Hiftoire Naturelle des volcans qui ont brûlé fous les eaux de la mer, à l'époque où elle inondoit les plus baffes contrées du Vivarais. Volcans d'Aubenas, de Rochemaure, d'Aps, de Privas.

1120. NOus avons vu jufqu'ici des volcans à cratère de forme cônique, compofés de laves fpongieufes & bafaltiques, des courans non interrompus depuis la bouche ignivome.

Les volcans que nous allons confidérer à préfent font d'une autre nature. Livrés jadis à l'action de tous les courans de mer à l'époque ou l'océan univerfel couvroit la plus grande partie du globe, ils femblent annoncer, par la forme qu'ils offrent extérieurement, les défaftres de la nature, & les phénomènes qu'ils préfentent annoncent qu'ils furent fous-marins.

Nous ne verrons donc plus ici des

bouches faillantes ignivomes, nous ne
trouverons plus des courans fuivis depuis les cratères, ni des plateaux bafaltiques moulés dans les baffes vallées.
Ici tout changera de face ; les laves
fpongieufes triturées, agitées, tranfportées, détruites & décompofées jadis
par les fecouffes qu'éprouve périodique-
ment le baffin des mers, difparoîtront ;
quelques buttes bafaltiques amincies par
ces courans réfifteront à toutes les actions de cet élément, pour annoncer
aux derniers Naturaliftes l'antique féjour des eaux maritimes fur ces lieux :
leur état de défordre donnera le produit
des mouvemens de l'élément aqueux :
des creux ifolés & orbiculaires, renfermés dans les bafaltes, hériffés intérieurement d'aiguilles fpathiques, dé-
montreront cette vérité, &c.

L'exiftence des mers fubmergeant
autrefois les continens eft donc confirmée par toutes fortes de preuves ;
les familles des divers coquillages incruftés dans la roche vive calcaire, comme
dans la roche tendre de date pofté-

rieure, la nature de cette roche, les corps incruftés dans la lave-bafalte qui ne doit fes criftaux fpathiques qu'au fluide maritime imprégné, felon le fentiment de tous les Chimiftes, d'une fi grande quantité de molécules calcaires diffoutes, toutes ces obfervations diverfes appuyées de tant d'autres donnent le plus grand poids à cette opinion, quand même celui de fon antiquité ne feroit d'aucune valeur.

L'horizontalité des volcans fous-marins, les bornes que ces mers ne paroiffent point avoir franchies, la préfence des criftaux fpathiques qu'on obferve jufqu'à une certaine élévation, tout l'appareil extérieur des volcans de cette claffe, la fuperpofition de quelques couches calcaires élaborées par les eaux de la mer & délaiffées après fa retraite, confirmeront davantage cette affertion.

✤✤

HISTOIRE NATURELLE

DU VOLCAN D'AUBENAS.

1121. De la masse majeure & granitique du grand Tanargues part une
chaîne considérable de montagnes vitrifiables, qui se subdivise en deux
chaînes, dont l'une s'étend vers Prunet, & l'autre s'avance vers Aubenas. Les domaines de Tures, Farges,
Bouteyres, &c., sont bâtis sur les
élévations de cette chaîne qui,
aux approches d'Aubenas, se change
de granitique en calcaire. Le volcan situé au nord de cette Ville,
avoisine l'un & l'autre département.

1122. Les trois zones calcaire, vitriforme & volcanisée se réunissent donc
à Aubenas : du côté de l'Airette, de
la Guinguette & des Blaches, cette
Ville est bâtie sur des roches horizontales calcaires, tandis que du côté des
Dames de Saint-Benoît elle avoisine le
sol vitrifiable qui s'étend de là vers

les montagnes élevées, où le granit & les schistes règnent exclusivement.

Au dessous de ce dernier quartier de terrain vitriforme, se trouve un chemin qui conduit à la plaine du Pont par une pente très-rapide. Ici disparoissent les matières vitriforme & calcaire ; des blocs informes de basaltes détachés les plus durs & les plus ferrugineux occupent le sol. Le chemin est pavé de ces blocs , les murailles latérales en sont bâties ; mais tout est confus & sans aucune suite de courans.

1123. C'est ici le terme des lieux volcanisés qui occupent le Vivarais depuis le Coiron jusqu'au Mezin , & depuis le Mezin jusqu'à Saint-Laurent des bains. De sorte , qu'en suivant le cours de la rivière d'Ardèche , le volcan qui a vomi les basaltes qui sont sous Aubenas , est le plus bas du Vivarais, comme celui du Mezin en est le plus élevé.

1124. Les matières volcanisées d'Aubenas sont si confusément disposées ; les trois zones , quoique appartenant à des départemens séparés, sont si em-

brouillées, qu'il n'est pas possible d'obferver ici leur superposition mutuelle,
tant les eaux maritimes ont dérangé
ce fol volcanifé : c'est ici d'ailleurs le
voifinage d'une Ville où l'homme bou-
leverfe depuis long-temps le terrain,
foit pour tracer des chemins dans les
environs, foit pour tirer des pierres à
bâtir, foit pour former des terraffes où
l'on a planté des mûriers, d'autres arbres, &c. L'ouvrage de la nature eft
donc déguifé, les couches fuperpofées
font bouleverfées, les bouches du volcan font effacées, il n'en refte ni le
cratère, ni le courant. Des maffes de
bafaltes ifolés, & quelques blocs de
pierres poreufes très-rares, annoncent
feulement l'ancien incendie, & nous
confirment le grand fyftême des bou-
leverfemens terreftres, depuis l'ar-
rangement primitif, jufqu'à nos jours,
opéré par l'action des eaux maritimes, par les variations de l'atmofphère & par la main de l'homme qui
dérange perpétuellement la furface de
la terre, foit pour fes commodités,

foit pour les travaux de l'agriculture.

Il paroît donc que le volcan d'Aubenas, dont il ne reste que quelques traces & quelques basaltes, a percé entre la zone calcaire & la zone vitriforme ; remarque importante qui confirme que ce volcan est de la plus haute antiquité ; car, comme le sol terrestre a été d'abord extrêmement bouleversé par la nature dans les lieux de contact mutuel de ces deux zones calcaire & vitriforme dès leur première superposition, les courans de lave, la forme cônique, le cratère & tout l'extérieur imposant d'une montagne volcanique furent dérangés, bouleversés, altérés, comme la forme primitive des deux zones dans leur ligne de contact & de séparation : & toutes ces observations sont si essentielles, que c'est ici le seul volcan connu qui ait enfanté à travers les deux zones vitriforme & calcaire.

Or, la situation de ces laves qui démontrent l'existence de ce volcan, confirme encore, par la nature des corps étrangers qu'elles contiennent,

que

que le volcan d'Aubenas perça à travers les deux zones. En effet, ces
corps étrangers font tantôt calcaires intactes, tantôt vitriformes intactes auffi,
& tantôt participant des deux natures,
comme les corps vitrifiés qu'ils contiennent le démontrent. Voici la notice
de fa minéralogie.

1126. I. Bloc de bafalte poreux &
néanmoins fort pefant.

II. Bafalte irrégulier fans affectation
d'aucune forme, attirant l'aiguille ai-
mantée, avec toutes les propriétés re-
connues dans le bafalte.

III. Bafalte en géode fermée hermé-
tiquement dès fa formation, ouverte
par l'Auteur à coups de marteau, préfentant intérieurement des matières vitrifiées poftérieurement à l'éruption,
& difpofées en aiguilles fans effervefcence avec les acides.

IV. Bafalte très-pur qui contient dans
fon fein un amas de terres volcaniques,
lefquelles renferment des zéolites dont
les rayons font très-bien enracinés les
uns dans les autres.

Tome II. A a

v. Bafalte très-pur avec noyaux de matière calcaire très-bien confervée, avec toutes les propriétés connues aux pierres de cette nature. Autre bafalte avec noyau calcaire changé en glaife.

VI. Bafalte avec noyau de granit à demi *calciné*, fi toutefois ce terme peut convenir aux fubftances *vitriformes*, comme il eft exact & très-expreffif pour les fubftances calcaires. Ce granit devient pulvérulent lorfqu'on le comprime tant foit peu entre deux pierres; il s'y trouve des fciffures très-étroites remplies de bafalte.

VII. Bafalte avec fpath calcaire faifant effervefcence avec les acides.

VIII. Bafalte enfin farci de choerl fubftance très-commune dans cet amas de bafaltes qui décèlent inconteftablement l'exiftence d'un ancien volcan dans ce lieu, mais d'un volcan qui a perdu fes cratères, fes coulées & les formes primitives établies, dès l'époque de fes éruptions, par la force des vagues de l'ancienne mer & de fes courans.

On pourroit m'objecter que ces amas

de bafaltes informes & non prifmatiques ne font que des débris des volcans du voifinage amoncelés par les eaux des anciennes rivières dont les lits fe font déplacés à la longue.

A cela je réponds que les bafaltes du volcan d'Aubenas, quoique non prifmatiques, font des blocs qui furent réunis les uns aux autres dès leur refroidiffement, & que la fucceffion des temps les a féparés; tels les bafaltes de la montagne de Craux; tels ceux de tant d'autres volcans. J'ai même obfervé des prifmes de bafalte fous Aubenas & dans les mêmes lieux, qui étoient encore adhérens mutuellement de l'adhérence primitive, & il exifte fur la montagne des pics de bafalte qui n'ont pas été déplacés depuis leur fufion.

C'eft d'ailleurs le propre de toutes les maffes volcaniques entraînées par les eaux, d'être converties en cailloux, de perdre les parties faillantes, aiguës & trop éloignées du centre. La corrofion mutuelle de tous les corps entraî-

nés par les eaux produit conftamment
cet effet ; & comme nulle part on ne
trouve parmi les laves du volcan d'Aubenas des bafaltes en cailloux arrondis & bien formés, on ne peut dire
aucunement que les corps volcanifés
qu'on trouve près d'Aubenas foient des
amas formés par les eaux : ces reftes
volcaniques annoncent donc une ancienne bouche ignivome peu éloignée
de ces fubftances.

HISTOIRE NATURELLE

DES VOLCANS DES ENVIRONS DE ROCHEMAURE.

1127. Le fleuve le plus rapide de
la France, le Rhône, baignant les
baffes contrées du Vivarais qu'il fépare
du Dauphiné, femble avoir taillé à pic
les montagnes qui l'avoifinent, & qui,
propagées depuis les plateaux fupérieurs granitiques du Vivarais, viennent expirer dans les eaux de ce fleuve.

Du plateau fupérieur granitique du
pays appelé *la Montagne* & couvert

de matières volcanifées, part une chaîne de montagnes en dos-d'âne & fort élevée ; elle devient faillante fur-tout vers Meziliac ; elle s'avance vers Gourdon, envoyant, à droite vers Aubenas & à gauche vers Privas ; des branches fubdivifées de montagnes granitiques inférieures. La chaîne granitique eft couronnée de bafaltes encore en place : mais arrivée à Lefcrinet , la chaîne devient calcaire , elle eft toujours couronnée de courans de bafalte ; mais un quart de lieue après cette gorge , la chaîne en dos - d'âne fe change en magnifique plaine , en montagne appelée le Coiron dont nous parlerons bientôt ; ce plateau s'incline vers le Rhône , & Rochemaure eft fitué au pied de ces montagnes inclinées , & au bord de ce fleuve.

1128. Rochemauré eft dominé par un pic le plus efcarpé , au haut duquel fe trouvent les reftes d'un antique château, Ce pic bafaltique d'une pofition la plus hardie , quoique compofé de bafaltes réunis , mais faifant corps à part , ne peut avoir été ainsi taillé que par les secousses multipliées des courans de mer : ces basaltes sont remplis la plupart de petites concavités hérissées de cristaux spathiques brillans & très-aigus , qui n'ont pu y être placés qu'à l'aide d'un fluide aqueux qui a formé le spath des roches calcaires. Or , si ces roches sont un ouvrage de la mer , comme les Naturalistes en conviennent , les spaths de ce basalte le sont aussi.

Pour avoir une idée nette de la formation des pics de lave , il faut se les représenter comme faisant corps jadis avec des masses voisines détachées par les coups redoublés des courans , & entraînées avec d'autres substances par les courans : or , ces débris volcaniques se trouvent encore de nos jours à l'autre bord du Rhône & dans le lit même de ce fleuve puissant ; c'est-là ce qui peut faire concevoir l'origine de tant de cailloux volcaniques qu'on trouve dans le voisinage. Devenus stationnaires dans le lit de ce fleuve, ils font polis par le courant de fes eaux, & les matières folides qu'il charrie coupent les angles des blocs détachés.

On pourroit objecter que le voifinage du Rhône femble perfuader que la deftruction de ce volcan a été opérée par l'action des eaux courantes de ce fleuve, lorfqu'avant l'excavation de fon lit, il inondoit fes coulées bafaltiques dont il a détruit la contiguité & féparé les maffes : les lits de cailloux inférieurs femblent même le perfuader davantage. A cela je répondrai que d'autres confidérations m'empêchent d'attribuer leur deftruction exclufive à l'action de ce fleuve & à les rapporter à la mer. Les eaux du Rhône ne peuvent dépofer des molécules fpathiques qui fe changent en criftaux ; ces productions majeures font l'opération des eaux maritimes à l'époque où elles inondoient le fol de Rochemaure, & au temps où elles formoient, par dépôt, des carrières calcaires, & dé-

A a 4

laissoient les coquilles des animaux
qu'elles nourrissoient dans leur sein.

1129. C'est à cette époque que les
volcans des environs ayant vomi des
laves basaltes, elles furent reçues dans
les eaux de l'océan universel. Les mouvemens de cet élément qui n'est jamais
tranquille sur lui-même détruisirent ensuite l'ouvrage des feux souterrains.

Voilà l'histoire des pics isolés de
Rochemaure, & ceux qui sont au nord
de ce bourg; les uns & les autres
offres les mêmes observations. *Voyez
ci-après l'histoire des volcans du Languedoc : celui de Mont-Ferrier offre les
mêmes faits.*

P. S. La théorie de la formation de
ces volcans des environs de Rochemaure est si raisonnable, qu'elle vient
d'être confirmée par une observation
que je dois à M. l'Abbé de Morte-
sagne qui a écrit des lettres si intéressantes sur les volcans dans l'ouvrage de M. Faujas ; nous en parlerons
dans les volumes suivans. Ce Savant
m'a appris que, lorsque le jeune frip-

pon nommé Parangue eût fait creufer
très-profondément un puits *où il voyoit
de l'eau*, on trouva, parmi les déblais
calcaires & granitiques, des groffes colonnes bafaltiques toutes entières. Voilà les pièces juftificatives de la théorie
précédente.

HISTOIRE NATURELLE

DES VOLCANS DES ENVIRONS D'APS, AUTREFOIS *ALBA HELVIORUM*, CA- PITALE DE LA NATION HELVIÉNE.

1130. Il exiftoit jadis en Vivarais
une puiffante Nation. Céfar, l'ambitieux Céfar s'affocia le Prince de cet
État, qui lui permit de paffer avec fon
armée à travers les pics fourcilleux
& glacés des hautes montagnes Hel-
viènes ; & cet Empereur, aidé des
confeils du Prince & des armes Viva-
roifes, conquit les Gaules & les fiers
Auvergnats, peuple montagnard qui
réfifta long-temps aux entreprifes des
Romains.

Alba Helviorum devint enfuite la

capitale de la Colonie Romaine que ces Maîtres de l'univers envoyèrent en Vivarais, pour faire adopter leurs Dieux, leurs mœurs, leur Gouvernement, & pour étendre leur Empire. L'esprit des conquêtes & la soumission de tous les peuples étoient le principe de cette Nation. Elle domina en Vivarais ; mais la politique de César, qui fit de notre Prince son ami & son confident, adoucit cette domination. C'est là le caractère ineffaçable des Vivarois : leur histoire m'a appris qu'ils ne connoissent que les deux extrêmes dans la société : amis chaleureux ou ennemis jurés, ils ne se soumettent qu'à la raison & à l'amitié. Le despotisme de Louis XIII & des Rois ses prédécesseurs, en fait de religion, en fit un peuple révolté ; le bon Roi Henri le Grand en fit un peuple asservi, & les belles lettres succédèrent à la fureur du fanatisme. Louis XIV, accablant d'impôts & poursuivant ses habitans pour fait de religion, occasionna de nouvelles révoltes. Le règne pacifique de Louis XV changea le caractère de fes habitans. La fageffe de notre bon Roi, & l'amour qu'il a pour fes fujets, en ont fait enfin un peuple idolâtre de ce jeune Monarque.

L'hiftoire du caractère Vivarois feroit-elle donc déplacée à côté de celle de fon ancienne Capitale? Auffi éclairés que nous dans l'art d'affervir une Nation, les Romains favoient fe plier au caractère d'un peuple; ils exploitèrent nos mines, ils élevèrent de majeftueux édifices, nos contrées hériffées de montagnes furent percées par de grands chemins dont j'ai découvert les traces & les pierres milliaires; enfin, les reftes de leur règne annoncent qu'ils avoient affervi l'ancienne Nation Helviène, & en amolliffant leur caractère naturel, ils en avoient fait un peuple qui avoit befoin des arts néceffaires à une Nation éclairée qui recherche les plaifirs de la vie.

Ne nous attachons donc point aux formes extérieures que préfentent les

maſures volcaniques des environs d'Aps,
chétif village, qui ne repréſente plus
l'ancienne Capitale Helviène ; les Romains ont tant bouleverſé ce local, que
l'ouvrage de la nature a été dégradé
de la manière la plus étrange.

1131. Le château d'Aps eſt bâti ſur
une roche baſaltique ; de cette roche
part un filon de lave de même nature, contenu dans la carrière calcaire,
& ce filon ſe propage juſques vers la
roche d'Aps.

1132. Cette roche eſt une énorme
butte ou pic baſaltique fort ſingulier;
quelques colonnes droites s'élèvent de
la plaine verticalement, de manière
que cette eſpèce de colonne gigan-
teſque eſt d'un accès très-difficile.

1133. On arrive néanmoins avec
beaucoup de peine ſur une petite plaine ſupérieure, horizontale ; & c'eſt
ſur cette élévation, qu'eſt placée une
maſſe énorme de baſaltes en colonnes
inclinées qui terminent ainſi ſupérieu-
rement cet édifice ſingulier, ſemblable à ces globes qu'on poſe ſur la

cime des clochers ou des pyramides, ce qui eft très-pittorefque.

J'ai trouvé des fpaths calcaires, en aiguilles fort aiguës dans des creux bafaltiques, qui démontrent bien que les eaux de la mer furchargées de molécules calcaires, ont dépofé dans ces vides ces aiguilles.

1134. Je ne conclurai point, néanmoins, que le terrain fondamental fût en état de boue ou de vafe de mer, lorfque le volcan projeta ces matières; le filon bafaltique qui unit les maffes d'Aps & de la Roche, & fon incruftation dans la pierre calcaire, n'en font point une preuve : je penfe, au contraire, que ce fol fondamental fecoué par les forces expulfives s'ouvrit de toutes parts.

Les mineurs opèrent tous les jours en petit tout ce qui s'eft opéré en grand dans l'éruption des volcans : lorfqu'ils veulent brifer un rocher, ils creufent une concavité longitudinale qu'ils rempliffent de poudre : fon inflammation fait fauter en éclats une

partie de la roche , & ce qui refte
eft partagé par des fciffures qui partent de la concavité embrafée , comme
du centre vers la circonférence.

1135. Dans les volcans, le fol étant
fecoué dans le même fens & par les mêmes
forces , on trouve toujours les mêmes
fciffures , & ces crevaffes font toujours
remplies de bafalte qui s'y eft infinué.

1136. Les divifions de ce bafalte
incrufté font particulières : ce ne font
plus ici de colonnes bafaltiques juxta-
pofées ; mais des bafaltes lamelleux
pofés dans la même direction que le
filon , les uns à côté des autres : le filon coupe en profondeur à angles droits
les couches horizontales de la carrière
calcaire.

1137. Or, il eft fi vrai que cette
féparation de la carrière calcaire a été
faite par des tremblemens de terre ,
& par les forces expulfives fouterraines, que j'ai vu des parties faillantes
des parois de cette roche , correfpon-
dre à des parties rentrantes de l'au-

tre côté du filon ; de forte qu'il ne faut que joindre les blocs, pour reconnoître l'ancienne union, ce qui eſt fort aiſé ; car le baſalte contenu n'eſt point cohérent à la carrière contenante.

HISTOIRE NATURELLE
DES VOLCANS DE PRIVAS.

1138. Les mêmes phénomènes ſe trouvent encore dans le voiſinage de Privas, Capitale des Baſſes-Boutières.

La montagne de Toulon, peu éloignée de la ville, eſt de forme cônique, ſa baſe eſt calcaire ; mais ſur ſon ſommet ſont placées des buttes baſaltiques de difficile accès.

1139. De ce plateau ſupérieur part un filon de baſalte inclus dans la roche calcaire feuilletée, qui s'avance juſqu'au deſſous de Privas : les diviſions baſaltiques ſont les mêmes que ci-devant, la lave contient auſſi des choerls & des aiguilles ſpathiques dans les creux des noyaux granitiques &

calcaires : ces noyaux font fort durs & bien confervés.

Ce qui démontre , mais d'une manière inconteftable , que ces noyaux calcaires n'étoient pas en état de vafe de mer , c'eft un noyau que j'ai vu, qui ne renfermoit que la moitié d'une ammonite pétrifiée.

1140. Le noyau calcaire n'étoit donc pas un morceau de vafe fangeufe , mais une pierre calcaire détachée d'une roche vive & dure , lorfqu'elle fut enveloppée par le torrent incandefcent.

On trouve à Villeneuve - de - Berc de femblables filons bafaltiques qui tiennent , comme ceux de Privas, à des montagnes bafaltiques : les mêmes phénomènes s'y obfervent , & les mêmes caufes ont produit les mêmes effets.

1141. La montagne volcanifée du Coiron eft toute environnée ainfi de volcans fous-marins que les eaux de la mer ont dévaftés à l'époque où elles baignoient encore la bafe de cette montagne , & qu'elles coupoient à pic les bords

bords latéraux de fes élévations. Ces volcans fous-marins qui ont ainfi enfanté à travers la roche calcaire vive, forment une férie circulaire qui environne tout le Coiron ; elle part de Villeneuve-de-Berc, paffe à Aps, à la roche d'Aps, à Rochemaure, &c., & vient fe terminer à l'oppofite vers Privas. C'eft du centre de ces volcans dévaftés, que s'élève le Coiron dont nous allons donner l'hiftoire ; & comme c'eft une des montagnes les plus curieufes, il faut examiner fa géographie phyfique, & la comparer à celle des montagnes volcanifées & non volcanifées qui l'avoifinent.

Tome II.   **B b**

CHAPITRE XII.

Géographie Physique des volcans du Coiron & des montagnes adjacentes. Description de la chaîne de Mezillac, Gourdon, Lescrinet, qui unit le Coiron aux plateaux volcanisés de Cuse & de la Montagne. Histoire naturelle de Cheylus & de ses environs. Vestiges des anciens fleuves qui ont inondé le Coiron avant l'établissement des laves. Volcan de Chaud-coulant. Ses bouches latérales.

1142. Tous les aspects quelconques sous lesquels s'offrent les matières volcanisées du Coiron ont un air de grandeur & de majesté. Ce ne sont plus ici des courans de basalte, qui se sont modulés dans la plaine inférieure ou dans les vallées profondes ; mais des coulées énormes qui, dans des temps bien antérieurs, se sont étendues sur de vastes plaines en montagne, environnées aujourd'hui de précipices qui ont interrompu la correspondance des courans. Mais ne précipitons point nos pas dans ces contrées remarquables ; les volcans du Coiron , l'énorme bouche ignivome du Chaud-coulant, fes bouches latérales , la fontaine Volcanico-intermittente de *la paix & de la guerre* , la variété étonnante des laves projetées , l'afpect général des lieux volcanifés méritent des attentions particulières , & fur-tout la defcription géographique du local.

1143. De la grande chaîne de montagnes majeures qui féparent les eaux de la Loire de celles du Rhône , & qui fuyent du midi au nord , part une chaîne *feconde* de montagnes fort élevée & fort étroite : elle commence vers Mezillac, pays tout couvert de laves fpongieufes ou bafaltiques.

1144. Le fyftême de cette chaîne *feconde* eft fort remarquable : coupée à pic dans plufieurs endroits , déchirée par des ravines & par des cataractes qui fe précipitent du haut fommet ,

B b 2

elle décèle de toutes parts, par ses excavations, la qualité des substances intérieures qui constituent les masses vitrifiables entassées.

1145. En les examinant successive-
ment de bas en haut, on trouve d'a-
bord des déblais granitiques & basaltiques mêlés ensemble, qui prouvent
la destruction d'une grande quantité
de matière volcanisée semblable à celle
qui subsiste encore au sommet de la
chaîne.

1146. Au dessus de ces déblais se
trouvent des roches granitiques secondaires fort dures: le choerl, le quartz,
le feld - spath, le mica, &c., mêlés
& pulvérisés, sont colés par un
gluten secondaire ; j'ai observé de petits cristaux à six faces, détachés jadis
de leur gangue & perdus dans ce mélange : toutes les autres parties agrégatives étoient peu cohérentes, ce qui
me facilitoit la séparation de cette cristallisation.

1147. Au dessus de ce granit secondaire j'ai observé la véritable roche

vive & primordiale granitique ; elle avoit pour bafe de toutes fes parties une pâte quartzeufe la plus vîve qui étoit la matière contenante : lorfque les matières hétérogènes manquoient, elle rempliffoit les efpaces intermédiaires ; & lorfqu'elle ne pouvoit les remplir tous , on voyoit cette matière quartzeufe ou ce criftal de roche vive fe conformer en aiguilles à fix faces, & rendre ces vides granitiques hériffés de mille pointes.

1148. Au deffus , enfin , de ces maffes fuperpofées , on trouve le bafalte volcanique qui règne fur tout le voifinage & fur toute la chaîne , & ce fite demande au moins cent jours de méditation , lorfqu'on veut étudier la marche de la nature & des faits d'une telle importance.

Qu'on s'imagine que la montagne de Montmartre , à Paris, eft dix fois plus élevée & plus rapide , qu'elle eft ifolée de toute autre montagne , & que les pics fourcilleux de fa crête font tous compofés de bafaltes qui ne font point

fortis de la montagne fondamentale,
mais qui ont fait partie d'autres courans que le laps des temps ont détruits, & l'on aura une image la plus
reſſemblante de la chaîne de montagnes *ſecondes* du Vivarais, qui part de
la chaîne première, paſſe de Mezillac à Gourdon, & s'inſère enſuite entre celles du Coiron.

Qu'on s'imagine encore qu'il exiſte
vers l'Obſervatoire une autre montagne
en tout ſemblable à celle de Montmartre, que les baſaltes ſupérieurs ſont de
niveau & homogènes, que leurs diamètres ſont égaux, qu'ils offrent enfin toutes les apparences néceſſaires pour établir une ancienne contiguité, & l'on
aura une idée de nos ſommets volcaniſés.

Qu'on s'imagine, enfin, qu'à deux
lieues au-delà de ces deux montagnes
il exiſte un pays qui eſt de niveau avec
ces deux pics baſaltiques, que ce ſol
offre une plaine de plus de trente lieues
carrées, que ces contrées ſupérieures
granitiques ſont couvertes d'une plate-
forme baſaltique dont les colonnes ſont

tout-à-fait femblables, de même niveau, de même nature, de même diamètre, de même afpect que les deux pics four-cilleux précédens, & l'on aura une image plus reffemblante encore des vaftes plaines de Cufe, des environs du Gerbier-de-Joncs, de Pradelles, &c., dont le plateau bafaltique à fait corps jadis avec ces buttes ifolées, avant l'excavation des vallées intermédiaires.

Voilà des faits qui méritent fans doute notre attention. Parcourons les crêtes bafaltiques de cette chaîne fi curieufe.

1149. Avant d'arriver à Gourdon, on trouve, entre les couches de lave & la roche de granit inférieure, un lit de cailloux roulés granitiques & volcanifés : le fable intermédiaire in-cohérent paroît encore tout frais, & la lave bafaltique s'eft modulée vers le haut de la couche de gravier, entre les cailloux, en aglutinant jufqu'à une certaine profondeur le fable intermé-diaire. Or, ces faits fatiguent l'ima-gination lorfqu'on veut les ranger felon leur ordre chronologique par les lois de la superposition.

1150. Le granit primitif paroît d'abord précéder en existence toutes les matières superposées ; il a existé avant les basaltes & encore avant les carrières de granit secondaire, qui lui sont toujours superposées.

1150. Le lit fluviatile qui est sur cette roche granitique & sous la lave qui s'est modulée & qui a coulé sur ce lit, est antérieur à la lave : ce lit étonnant effraye même l'imagination ; la grosseur énorme de ses cailloux suppose un fleuve de la première espèce, les prismes basaltiques bien usés & bien polis semblables aux cailloux basaltiques de l'Ardèche inférieure qui coule au moins cinq cens toises plus bas, supposent encore un fleuve majeur dont le cours coupoit à angles droit la chaîne de montagnes. Or, il faut, pour observer cette histoire ancienne, se placer à l'époque ou, avant l'excavation des vallées, ce terrain étoit presque horizontal comme la haute plaine

de Cufe, pour y établir des courans
bafaltiques & des courans de rivières,
& fuppofer une antique contiguité de
terrain horizontal, avec autant d'affu-
rance, que l'on fuppofe qu'une pierre a
été coupée, lorfqu'elle ne contient que
la moitié d'une infcription : encore eft-
il plus certain qu'il a fallu une prolongation de ces plaines majeures, puifque les lois de l'hydroftatique le demandent, pour établir ces courans bafaltiques.

1152. La roche de Gourdon eft de
tous ces pics ifolés volcaniques le plus
curieux & le plus étonnant. Quarante
ou cinquante bafaltes gigantefques pofés fur une montagne la plus élevée
des environs, ifolés de toute autre lave,
portés par une roche granitique,
dominant fur des précipices affreux
à droite & à gauche, méritent bien
quelques réflexions : ce font là les pièces juftificatives d'un bel ouvrage à
faire fur les Époques du monde phyfique.

1153. De Gourdon la chaîne s'avance

vers Lefcrinet où elle devient roche calcaire.

1154. Lefcrinet eft un col fitué entre deux élévations dont les crêtes font volcanifées ; c'eft ici le paffage des vents réfléchis les plus impétueux, à caufe du fyftême des montagnes environnantes.

Mon cheval n'a pu franchir ce pas en 1775, & j'y ai été renverfé deux différentes fois. Ses environs offrent des matériaux capables de fournir cent cabinets d'hiftoire naturelle. La nature ne m'a jamais paru autant variée, & l'on n'en fera point furpris, fi l'on fait attention que, dans un petit efpace de terre, fe trouvent les trois terrains granitique, calcaire & volcanifé; que ces trois départemens étant fans contredit le produit des trois plus grands faits de la nature, offrent les témoignages les plus variés des phénomènes paffés: les laves n'ont jamais été fi multipliées.

1155. On obferve, après avoir paffé Lefcrinet en s'avançant du côté de Fraif-

finet en Coiron, des roches perpendiculaires où les bafaltes font couchés
horizontalement.

Un peu au-delà on voit des blocs de
granit décompofé, pulvérulent, contenant des filons de bafalte.

Un peu plus loin on obferve un poudingue formé de roches granitiques,
marbreufes, bafaltiques & bien aglutinées par une lave qui paroît avoir
été fangeufe ; car la pierre calcaire la
plus tendre de toutes n'eft point endommagée.

Enfin, un peu en-delà on quitte la
chaîne curieufe qui tient du Coiron à
la Montagne, pays fupérieur, & l'on
arrive fur les hauts fommets du Coiron.

1156. Qu'on s'imagine une énorme
montagne coupée à pic de tous côtés,
excepté du côté du Rhône où les pentes font moins rapides ; qu'on fe repréfente une crevaffe énorme appelée
Chaud-coulant, fituée vers le centre,
& qu'on n'oublie point que c'eft ici la
bouche principale qui a vomi cet amas
horizontal de roches bafaltiques géomé-

triquement & confufément divifées; qu'on
fe repréfente des roches calcaires à couches , qui, coupées en fens perpendiculaire, terminent de tous côtés cette
grande plaine en montagne , & l'on
aura une idée du Coiron ou des monts
Coiron.

1157. C'eft ici que j'appelle tous
les Naturaliftes qui refufent de croire
que l'excavation des vallées & des vallons foit l'ouvrage des eaux pluviales.
Ce grand plateau de bafaltes qui eft au
moins de huit mille toifes carrées, fe détruit tous les jours par l'action de ces
eaux. Les lois de l'hydroftatique mo-
dulèrent d'abord cette table de laves
fondues horizontalement, elles fe refroidirent dans cette pofition , & fe
divifèrent en colonnes par les lois du
retrait des parties.

Mais les eaux pluviales détruifirent
à la longue cette contiguité de parties ; il fe forma deux pentes d'eau peu
inclinées , des fillons furent creufés dans
la lave bafaltique , puis des ravins ,
puis des vallées & des crevaffes ; de

forte que le mont Coiron offre de nos jours les rudimens de plufieurs vallées féparées par des montagnes couronnées de bafaltes, & ces vallées & ces montagnes partent du centre vers la circonférence d'une manière merveilleufe.

1158. Du côté de Veffaux fe trouve une chaîne en rayon, elle eft féparée de la fuivante par le ruiffeau & la vallée de Louirie.

Mirabel, d'Arbres, Saint-Laurens font fitués fur les bords de plufieurs chaînes.

Saint-Jean, Saint-Pons, Aubignac font bâtis au deffous de ces différentes chaînes qui partent du centre du Coiron.

Le côté oppofé fitué au nord offre le même fyftême; de forte que depuis Veffaux jufqu'au Rhône & du Rhône jufqu'à Privas, j'ai compté dix-neuf rayons qui, comme ceux d'une étoile, partent du centre à la circonférence; les bords de chaque rayons offrent des précipices taillés à pic, & les efpaces intermédiaires offrent la fource de dix-neuf torrens qui se précipitent avec fracas de ces élévations , & détruisent davantage, en entraînant des quartiers de montagne , de basalte , de roche de toute espèce , cet ancien édifice des volcans.

Voilà les ouvrages modernes de l'eau postérieurs à ceux du feu : leurs courans , après avoir endommagé le plateau basaltique , ont creusé encore dans la roche vive calcaire fondamentale ; de sorte que cette excavation permet d'observer aisément le point de contact de l'énorme coulée de basaltes avec ce fondement calcaire.

L'étude la plus aisée de ce volcan peut se faire en passant de Saint-Jean vers le village de Berzème. On trouve à gauche les précipices de Mont-Brun & des grottes qui servent de retraite a de pauvres gens de la campagne. On monte ensuite rapidement sur le plateau des laves de Mont-Brun vomies par le Chaud-coulant. Mais ce n'est pas-là la seule marche que j'ai suivie dans mes recherches : j'ai traversé les vallées, les précipices & les chaînes en les coupant à angles droits, & ce n'eft qu'après des longs féjours & des courfes pénibles, que je fuis parvenu à faifir l'enfemble fingulier de ces montagnes : j'ai parcouru ainfi le plateau du mont Coiron en plus de vingt fens divers ; mais aucun trajet ne m'a paru auffi intéreffant que celui de Privas vers Fraiffinet, en paffant par Cheylus.

HISTOIRE NATURELLE DE CHEYLUS ET DE SES ENVIRONS.

1159. L'énorme coulée des laves du volcan de Chaud - coulant, dont nous parlerons bientôt, s'étend depuis Fraiffinet jufques vers les mafures du château de Cheylus. En paffant vers ce lieu on peut même obferver la fuperpofition des anciens courans enflammés, confidérer l'état du fol avant les antiques incendies, & juger de l'action du feu fur ces terres, à l'époque des éruptions.

1160. La lave-bafalte qui forme le

plateau fupérieur & horizontal du Coï-
ron eft établie fur des cailloutages granitiques, calcaires, & même volcanifés.
A l'époque de l'éruption du volcan de
Chaud-coulant, le fol étoit donc un
lit de rivière jonché de cailloux roulés, mêlés avec des cailloux de laves
encore plus antiques, & le cours de
ces rivières établi alors fur des fommets de montagnes, ne fut détourné
de ces lieux que parce que l'élévation
de ces montagnes volcaniques formant
de nouveaux plans inclinés fur les anciens lits, obligea les eaux à prendre de nouvelles routes.

Depuis cette antique époque les eaux
du ciel & celle des rivières inférieures minant fans ceffe les terrains &
creufant des vallées qui deviennent toujours plus profondes, ont coupé à pic
ces montagnes; de forte qu'on peut
obferver la fuperpofition de toutes ces
fubftances hétérogènes qui font difpofées de cette forte dans le voifinage de
Cheylus.

1161. Inférieurement fe trouvent des
couches

couches horizontales de marbre , d'argile , avec de bélemnites , d'ammonites & d'autres animaux marins pétrifiés incruftés. Les fondemens du volcan de Chaud-coulant furent donc jadis un fond de mer , puifque cette vafe
& ces animaux pétrifiés en font des reftes authentiques.

1162. Au deffus de ces roches on
trouve des cailloux roulés calcaires &
granitiques mêlés avec des cailloux
roulés de lave bafaltique la plus dure ;
tout eft aglutiné par le courant de
lave : ce lieu fut donc un véritable
lit de rivière , puifque cet ancien lit
s'eft encore fi bien confervé fous la
lave.

1163. Enfin , tout l'édifice eft terminé fupérieurement par des courans
de lave-bafaltique , par des blocs de
pierre calcaire intactes , foulevés par
les forces projectiles du volcan ; & la
bouche ignivome eft au deffus , comme
nous l'avons dit.

1164. La fuperpofition de ces couches de marbre , de cailloux , de la-

Tome II.   C c

ve, &c., forme une élévation de plus de
quatre cens toifes, qui, malgré ces
horreurs, offre de grands faits de la nature : une partie de l'hiftoire ancienne du
monde phyfique s'y trouve écrite par
la nature même en termes les plus
expreffifs, tandis que la chûte des eaux
fupérieures qui fe précipitent du haut
de ces élévations perpendiculaires, offre des horreurs d'un autre ordre.

Pendant les gelées, ces cataractes
changées en glace font fufpendues fur
les abîmes. Je les ai obfervées fe dé-
tacher pendant le dégel, renverfer les
arbres inférieurs avec bruit & fracas :
l'irrégularité des vallées en répétoit,
par écho, les bruits les plus confus. C'eft néanmoins fur des pics
femblables que les Seigneurs du Vivarais fe plaifoient autrefois à établir
leur demeure. Une fois barricadés dans
leurs châteaux inacceffibles, ils défioient toute la terre ; ils étoient dé-
fendus par leurs ferfs ; ils tiroient de
leurs travaux champêtres leur fub-
fiftance ; il y avoit peu de luxe par-

mi eux ; la chasse ou la guerre contre le Seigneur voisin étoit leur oc-
cupation ; quelques connoissances con-
fuses de l'Enfer & du Paradis , formoient tout leur savoir. Voilà l'histoire de cet âge , qui n'est point déplacée à côté de l'histoire naturelle des
pics sourcilleux & isolés que ces *Hauts &*
Puissans Seigneurs affectoient d'habiter.

C'est sur un pic de marbre fort sin-
gulier , qu'on trouve les masures du
château de Cheylus , berceau d'une
très - ancienne Maison de ce nom.
Les titres que j'ai trouvés à la Bibliothèque du Roi , les Historiens du
Languedoc & Baudoin, attestent qu'elle
existoit , dans les temps les plus anciens
du règne féodal , sur nos montagnes du
Coiron. Cette Maison se subdivisa en
plusieurs branches établies dans le Valentinois, le Dauphiné & le Comtat d'A-
vignon. Les restes du château dominent
sur des précipices de deux cens toises de
profondeur; la roche fondamentale inac-
cessible est de forme carrée , elle est in-
crustée de bélemnites , d'ammonites ,

&c. , elle eſt avoiſinée de laves écu-
meuſes deſcendues du volcan de Chaud-
coulant ; des pyrites martiales , divers
foſſiles , des filons ſulfureux , environ-
nés de tables argileuſes , rendent ce
lieu très-intéreſſant pour les amateurs
de la nature. Voilà l'extrémité du Coiron du côté du nord.

CRATÉRE DE CHAUD-COULANT ET AUTRES DU VOISINAGE.

1165. Vers le centre de la montagne du Coiron , ſe trouve un vaſte
baſſin ſitué entre Berzème & Fraiſſinet , & avoiſiné de pluſieurs autres
bouches ignivomes. Ce cratère doit
avoir au moins une lieue de circonférence ; le chemin d'où l'on peut en
obſerver les aſpects divers , eſt la ten-
gente du cercle parfait de cette bouche , & ſa capacité intérieure forme
une portion de ſphère énorme , dont
le centre eſt élevé au deſſus de l'horizon au moins d'un ſixième de lieue.

1166. Toutes les variétés connues

des laves ont été vomies par cette gueule énorme. Les bafaltes fpongieux & folides, les roches granitiques & calcaires, les laves fangeufes, les mélanges confus de toutes ces matières fe trouvent dans la vallée inférieure dans laquelle elle a vomi fes torrens enflammés.

1167. Ici l'on obferve des tables immenfes de pierres vitrifiables femblables au grès, fort tendres, formées de fables torréfiés & aglutinés avec toute la reffemblance d'un courant.

1168. Là fe trouvent des déblais ou amas confus de terres ocreufes, de cendres, de terres martiales, de granit, de marbre, paroiffant faire un feul & même corps par l'intermède d'un gluten peut-être jadis fondu, mais liquéfié, qui a pénétré tous les efpaces & formé un feul corps de tant de fubftances difparates.

1169. Quelquefois l'on rencontre des quartiers de roches calcaires, à demi-inférés dans la lave; la partie extérieure fait effervefcence avec les

Cc 3

acides ; la partie contiguë avec la lave en fait moins , & la lave qui la touche donne quelque apparence d'effervefcence.

1170. D'autres fois , la lave amalgamée en quelque forte avec des fables calcaires , eft fufceptible d'une grande fermentation en l'expofant à l'action des acides.

1171. Souvent le bafalte pur s'y trouve en couches lamelleufes , & dans plufieurs endroits ces couches font inclinées à l'horizon.

1172. De part & d'autre on trouves des foulevemens de terres. Il exifte même , vers le paffage de Lefcrinet , une montagne fort élevée , compofée d'un tas de productions volcaniques & non volcaniques. Ces amas ont-ils été amoncelés ainfi par des jets volcaniques ? Sont-ils des productions des tremblemens qui , à l'époque des éruptions volcaniques, foulèvent les terres ? C'eft ce qui n'eft point aifé à déterminer.

1173. Voilà l'hiftoire du volcan de

Chaud-coulant : il eſt avoiſiné de pluſieurs cratères ſubalternes , de celui
de Fraiſſinet , de celui de Combe-chaude , de celui de Fournas au-delà de
Berzème , de celui de Chaix près de
Berzème , & de celui de Berzème.
Des ruiſſeaux formés d'abord par les
eaux pluviales qui ſe ramaſſent vers
le fond du cratère, prennent leur origine dans ces baſſins ; ils coulent enſuite ſelon la pente générale du Coiron , & forment des rivières & des torrens conſidérables. La rivière de Pay-
re ſort de la Combe-chaude ; celle
de Merdaric ſort d'une petite bouche
au-delà de Fraiſſinet ; l'Auzon ſort du
cratère de Fraiſſinet ; l'Advègne vient
du Chaud-coulant ; le Vernet deſcend
de la bouche de Chaliard ; le Riou-
man coule de la bouche de Fournas , &c.

Le Coiron ou les Monts - Coiron
ſont ainſi un grand crible de bouches volcaniques , dont le cratère majeur eſt le Chaud-coulant. Voyons ſi
ces volcans ont été ſous-marins à l'é-

poque de l'éruption de leurs feux.

1174. Les volcans du Coiron giffent fur des roches calcaires : or, ces roches calcaires étoient-elles une vafe boueufe & maritime pendant les éruptions ? La manière dont les bafaltes fe font aglutinés fur le fol fondamental calcaire, femble le faire croire d'abord : j'ai entre les mains une fuite d'aglutinations de marbre & de laves : celles-ci ont tellement faifi ces roches, qu'elles en rempliffent exactement toutes les finuofités. J'ai vu des interftices dans lefquels un cheveu n'entreroit pas ; ils font farcis de matière bafaltique. J'en ai vu & j'en poffède de granitiques femblables.

Mais tous ces phénomènes ne peuvent prouver aucunement l'état fousmarin des volcans du Coiron : la pierre calcaire enveloppée de bafalte brûlant fe décrépite, & le fluide igné s'insère dans les décrépitations, comme il s'insère dans les noyaux graniteux que le feu fait fendre.

Or, on ne peut dire que ces gra-

nits fuffent en état de liquide : je les
ai trouvés dans le cratère même du
mont de Coupe d'Antraigues ; le bafalte , dans le granit comme dans le
calcaire, a pénétré toutes ces fentes op-
rées par la furprife du feu.

Il eft d'ailleurs démontré que ces
granits n'étoient pas en forme de liquide ; car tout ce qui eft fondu dans
le bafalte s'y trouvant également comprimé en tous fens , y a acquis une
forme globuleufe : or , mes noyaux de
granit y font de toute forme. La plupart de ces granits font d'ailleurs
adhérens à des prifmes quartzeux à fix
côtes.

Ces fentes , ces gerçures , ces aglutinations , ces appropriations chimiques du bafalte & de la pierre calcaire , ne prouvent donc aucunement que
ces roches calcaires aient été des vafes de mer pendant les éruptions ;
elles offrent feulement l'action chimi-
que des laves fondues , des décrépitations & des altérations qu'on obferve
dans les faits les plus ordinaires de la

Chimie artificielle : les preuves qui annoncent qu'un volcan a été fous-marins font d'une autre nature.

N'ai-je pas trouvé, d'ailleurs, des cailloux roulés granitiques & calcaires dans le bafalte du Coiron ? Ce qui annonce, je crois, que des eaux fluvia-tiles feulement en arrofoient le fol à l'époque des éruptions.

Outre cela, j'ai vu des roches cal-caires élancées autrefois par les vol-cans en éruption, à côté des roches granitiques quartzeufes. La roche cal-caire n'étoit donc pas la vafe ma-ritime pendant les éruptions ; elle eût projeté une boue & non pas un ro-cher. Sous le mont Coiron on trouve encore des roches pointues & faillan-tes de nature calcaire, & l'on voit que la lave fondue les a enveloppées en forme de manteau ; mais fi c'eût été une vafe maritime, elle eût applati ces furfaces faillantes : les premières notions de l'hydroftatique annoncent ces effets.

1175. Il paroît, par toutes ces re-

marques & ces faits , que la bafe fondamentale du mont Coiron étoit une
pierre calcaire folide , déjà durcie ,
lorfque la montagne s'enflamma : la
nature des roches calcaires de tout
diamètre qu'on trouve dans les courans , les pétrifications qui , la plupart ,
ont été coupées au milieu avec la
pierre contenante , femblent le démontrer. Nulle part on ne trouve que
les roches bafaltiques du Chaud-coulant foient la bafe des couches délaiffées par des courans de mer. Il ne
paroît donc point raifonnable d'appeler le Chaud-coulant un volcan fous-
marin.

La bafe de cette montagne , au contraire, environnée de volcans délabrés ,
paroît avoir été dévaftée par les eaux
maritimes qui déposèrent dans les
creux des laves-bafaltiques des criftaux
fpathiques qu'on ne trouve point dans
les laves fupérieures des volcans du
Coiron.

Cette montagne eft appelée en latin
dans les plus anciens titres du temps

féodal, *Mons-Coiratus*, du mot *Coire*, verbe de notre Langue Vivaroife qui fignifie *Cuire*. Le volcan du Coiron portoit donc autrefois un nom analogue à la nature de fes productions; & fous le gouvernement des anciens Helviens, fon territoire formoit une des grandes divifions de l'État : il eft diftingué des autres parties de la Province dans tous les titres.

1176. Je finirai fa defcription par une remarque bien importante dans l'hiftoire des volcans. Le Coiron établi entièrement fur la roche calcaire, a projeté des roches de marbre expulfées fans doute avec la lave par les forces projectiles : il a rejeté encore des amas de petites pierres calcaires, triturées ainfi par l'attrition des matières élancées contre elles - mêmes & contre les parois latérales des boyaux fouterrains, à travers lefquelles la lave étoit projetée.

Des maffes énormes granitiques fe trouvent mélangées, néanmoins, avec ces maffes calcaires ; & leur préfence fur le mont Coiron annonce, fans doute, que ces matières vitriformes ont été prifes dans des concavités profondes où il ne règne plus des roches calcaires exclufivement , mais une matière vitriforme femblable à nos montagnes granitiques. Or , nous expliquerons dans la fuite comment cette matière vitrifiable eft ainfi , tantôt au deffus des roches calcaires & tantôt au deffous.

CHAPITRE XIII.

Histoire des volcans du sommet des montagnes du Vivarais. Description du grand Mezin , du Gerbier-de-Joncs , des sources de la Loire , du Pic-de-l'Etoile , de Loubaresse , du Sut de Beauzon , de Chaudeyrolle , de Burzet & de ses coulées basaltiques. Remarques sur le clocher de Burzet.

HISTOIRE NATURELLE

DU VOLCAN DU MEZIN.

1177. NOus voici arrivés aux volcans les plus élevés de la Province , après avoir parcouru les sous-marins , ceux des basses vallées , & ceux qui ont vomi à travers les roches calcaires. Observant aujourd'hui ceux dont les laves ont été portées jusqu'à la région des nues , nous terminons nos recherches par les volcans qui ont vomi & placé leurs laves fur les plaines granitiques les plus élevées où fe fait la féparation des eaux de la Loire & du Rhône, & qui font une partie de la chaîne de montagnes du premier ordre, décrites (15 & fuiv.)

Le Vivarais eft ainfi dominé par une efpèce de plaine d'où defcendent toutes fes vallées, toutes fes eaux courantes, & toutes les chaînes de fes montagnes ; & ce pays appelé la Montagne eft prefque tout volcanifé.

1178. Cet immenfe plateau commence à Mezillac : il s'étend vers Lachamp-Raphaël, formant toute la plaine du bois de Cufe ; il s'avance vers Saint-Martial-des-Boutières, Borée, Saint-Clément fous Fay-le-froid, Fay, &c. ; il s'étend dans le Velay dont nous parlerons dans la fuite de cet Ouvrage ; il y occupe les environs du lac de Saint-Frond, & en Vivarais Chaudeyrole & tous fes environs.

1179. Le mont Mezin s'éleve fur tout ce terrain brûlé ; il defcend vers

la Chartreuse de Bonne-foi , Sainte-
Eulalie , Sagnes , Usclade , le Cros-
de-Georand , le Beage , le lac d'Issar-
lés , la Chapelle-Graillouze , Coucou-
rou , la Fare , Viel-prat , Arlende ,
Saint-Arcons , Saint-Paul de Tartas ,
Pradelles & Saint - Clément , tandis
qu'il s'étend encore au-delà dans le
Velay & puis dans l'Auvergne , &c.

1180. Cette étendue de terrain est
de plus de trente mille toises carrées,
sans y comprendre le sol du Velay ;
& c'est de cette plaine que s'élèvent
de part & d'autre des montagnes volcanisées plus élevées encore ; telles que
les volcans de Mezin , Chaudeyrole ,
de Beauzon , de Gerbier-de-Joncs ; d'où
sort la Loire , du Pic-de-l'Etoile , du
Cros de Pélissier , &c. Observons en
détail toutes ces parties de la Montagne ; montons sur le Mezin qui les
domine toutes, & qui est un des volcans les plus curieux que j'aie vu.

Il faut avoir toute l'ardeur possible
pour grimper sur le Mezin du côté de
l'orient ou de Borée , en suivant la

Salliouse

Salioufe , ruiffeau qui fort de la bafe de ce volcan : mais il faut abfolument obferver le Mezin de ce côté, pour étudier la charpente intérieure de cette montagne.

1181. Un granit vif eft le fonde-ment de toutes fes laves ; j'en ai ob-fervé de couleur de rofe & d'un quartz magnifique. Cette roche foutient les différentes coulées bafaltiques, fouvent parallèles , qui forment la maffe de ce volcan.

1182. Celle qui eft le fondement de tout l'édifice fupérieur eft beaucoup plus épaiffe : des bafaltes informes , ir-réguliers dans leurs divifions , & des bafaltes prifmatiques fe fuccédant en-fuite les uns aux autres , compofent le corps de la montagne , & font par-tie du grand plateau de bafaltes qui forment le fommet de nos hautes mon-tagnes , & qui ont été vomis à l'époque de l'éruption univerfelle de toute cette couche énorme.

1183. Au deffus de ce plateau de bafaltes fe trouvent les tables de ba-

Tome II. D d

falte blanc qui forment les fommets de
la montagne du Mezin. Ils font de
même nature que les bafaltes qui forment le volcan du Gerbier-de-Joncs.
Ils font fitués fur un plan incliné,
parallèles entre eux : d'autres divifions
les coupent verticalement.

Du côté oppofé, la montagne finit
en pente douce ; on peut monter à cheval jufqu'au fommet fur ce plan incliné, & c'eft en parcourant ce volcan en plufieurs fens, qu'il m'a paru
qu'il falloit placer une éruption de laves poreufes après celle du plateau fondamental des laves-bafaltes. On trouve,
en effet, en graviffant cette montagne,
des laves poreufes, rouges & couleur
de cinabre, des laves poreufes violettes, des pouzolanes pulvérulentes, &
autres fortes de laves qui annoncent
une éruption poftérieure à celle du plateau de bafalte fondamental & antérieure
à celle des bafaltes blancs du fommet.

1184. C'eft du haut de cette montagne qu'on obferve avec un grand
plaifir l'horizon le plus varié. Du côté

des Boutières l'on trouve des chûtes
de montagnes qui defcendent du haut
de cette province, difparoiffent enfin,
laiffant appercevoir les montagnes du
Dauphiné, de Mont-ventoux, &c. qui
s'offrent fous le point de vue le plus
pittorefque. Du côté oppofé on domine
fur les lieux arrofés par la Loire, fur
le Velay par-tout rougi des laves qui
couvrent prefque tout fon territoire.

Le climat eft très-froid fur ce lieu
élevé; je m'y fuis trouvé pendant les
plus fortes chaleurs de l'été vers les
deux heures après midi; je fus obligé
de m'envelopper dans un manteau; un
vent très-frais dominoit alors dans l'atmofphère.

J'ai obfervé le Mezin dans une autre faifon : toutes les baffes vallées
étoient couvertes de brouillards : je
dominois alors fur une mer hériffée
d'îles & de roches aiguës. Les montagnes les plus élevées offrent à l'obfervateur des beautés qui leur font propres exclufivement. Voici les phénomènes météorologiques que j'y obfervai.

D d 2

1185. Des brouillards s'élevant de deſſous le grand Mezin confirmèrent toutes mes obſervations barométriques faites en Vivarais : je les vis monter lentement vers la région des nues , conſerver par un temps le plus calme une exacte horizontalité dans leur ſuperficie ſupérieure , couvrir peu-à-peu tous les pics qui étoient de niveau, ſe diſtribuer dans les vallées & les vallons , & ſe moduler parfaitement ſur toutes les aſpérités & les éminences des régions inférieures.

1186. Parvenus , en s'élevant , au niveau des pentes oppoſées de l'orient du côté du Vivarais , & de l'océan du côté du Velay , je vis de ſemblables brouillards ſortir du ſein humide des terres du Velay : leur jonction avec ceux de la pente oppoſée ſe fit, lorſque, parvenus l'un & l'autre au niveau du ſommet du grand Mezin , ils inondèrent toutes les hauteurs.

Je fus alors inveſti d'un nuage froid & pénétrant qui mouilla tous mes habits ; j'eus beau m'envelopper dans

un manteau fort ; des molécules aqueufes du nuage extrêmement divifées pé-
nétrèrent mes habits les plus ferrés , ce
beau ciel difparut à mes yeux , je fus
réduit à obferver la pierraille que j'a-
vois fous les pieds , car je ne voyois
plus rien au-delà de dix pas.

1187. J'obfervai que ce fommet de
la plus haute de nos montagnes volcaniques étoit compofé d'une roche
feuilletée de bafalte blanc contenant
quelques aiguilles de choerl. Ces couches étoient inclinées, & il étoit d'autant plus aifé de les obferver, que les
RR. PP. Chartreux en avoient fait ouvrir la mine, pour s'en fervir en forme
d'ardoife pour le toit de leur magnifique Chartreufe.

Sur ce fommet & dans les environs
fe trouvent les plantes alpines qui for-
meront dans notre botanique un département de nos plantes.

J'en fis une collection fans chercher
à la rendre complette : les floraifons
font tardives fur ce fommet qui ne fort

D d 3

de deſſous les glaces que dans les mois
d'avril ou de mai.

1188. Ces vapeurs s'élevèrent enſuite
dans la région des nues ; je fus ainſi
délivré du nuage qui m'enveloppa, pendant ſon aſcenſion , l'eſpace de quatre
heures , & j'obſervai le terrain inférieur.

Je comparai les deux pentes , & je
jugeai la différence de leur inclinaiſon.

Quel ſpectacle impoſant s'offre alors
aux regards du voyageur ! Il voit ſous
ſes pieds tout le bas Vivarais dont il
peut dreſſer la carte ; il obſerve le
ſyſtême comparé des montagnes calcaires & granitiques ; il domine même
ſur la plupart des volcans éteints , &
il juge de l'antiquité reſpective de quelques-uns , en voyant, comme à vue d'oiſeau , leur état de dégradation , leurs
cônes & leurs formes géométriques
changées en territoires volcaniſés par
les injures des temps.

1189. Le grand Mezin qui domine
ſur toutes nos montagnes granitiques
verſe des eaux dans l'Océan & dans la
Méditerranée. Il me parut, en réfléchiſ-

fant fur l'état de dégradation de fes deux plans inclinés, que les vallées qui verfent leurs eaux dans la Méditerranée font très-rapides, tandis que du côté de l'Océan les pentes font fort douces relativement aux précédentes.

1190. J'obfervai encore, en jettant des regards fur les bas-fonds calcaires, que les régions de cette nature étoient plus proches du fommet du grand Mezin du côté de la Méditerranée que du côté de l'Océan, & j'apperçus que du côté de la Méditerranée la vallée qui fépare le fol calcaire du granitique étoit beaucoup plus baffe que celle qui fépare ces deux terrains du côté de l'Océan : obfervation dont nous tirerons quelques conféquences dans la fuite de cet Ouvrage.

C'eft de ces hauteurs, que, rappelant des obfervations la plupart ifolées, je tirois mes conclufions, en comparant les maffes & les formes générales, comme l'obfervateur oifif de Montmartre fe plaît à obferver les édifices de Paris dont il connoît le fite.

Dd 4

Ces pics isolés m'ont fait préfumer
par quels endroits avoit pu paffer l'ancienne voie romaine des Helviens , &
des obfervations ultérieures m'ont démontré ce que je n'avois fait que
foupçonner de ces hauteurs : j'y ai reconnu encore le cours d'un ancien
lit de fleuve ou de rivière qui inonda
toutes les hauteurs , puifque j'ai fuivi ,
à vue d'oifeau , les fommets que je
favois renfermer des cailloux roulés
des lits de rivières : & c'eft ici encore où j'ai reçu les premières idées
de la Géographie phyfique primordiale
bouleverfée par les éruptions des volcans.

C'eft du haut du grand Mezin ,
que j'ai vu les forces de la nature
végétante diminuer à mefure que
le terrain s'élève, les arbres fruitiers
effacés par les arbuftes alpins , les
hommes changer de caractère & de
génie , & acquérir une conftitution plus
forte.

C'eft, enfin , fur les hauteurs du
grand Mezin, que j'ai perfectionné ma

carte en relief, & enluminé les lieux felon leur nature : j'y ai rédigé mes obfervations générales, dreffé les réfultats, écrit le fommaire des chapitres de mon Ouvrage, & conclu les raifonnemens qui fe trouvent dans mon Hiftoire ancienne du globe terreftre.

1191. En confidérant attentivement la nature des plus hautes montagnes du globe terreftre, on trouve que les volcans éteints dominent fouvent fur tous les pics, & fur les plus hautes élévations calcaires & granitiques. Le Mont d'Or en Auvergne, volcan éteint, eft élevé au deffus du niveau de la mer de mille quarante-huit toifes, felon les mémoires de l'Académie des Sciences de Paris. Le Pui de Dôme, fi célèbre par les expériences de Pafcal, volcan éteint d'Auvergne, eft élevé au deffus du même niveau de huit cens dix toifes, felon les mémoires de M. Keralio qui a écrit fur les glacières de la Suiffe. Le Mont Etna, volcan allumé, eft élevé d'environ deux mille toifes ; & le Véfuve, felon M. de

Sauffure , l'eft de trois mille fix cens cinquante-neuf pieds.

En paffant de l'Europe aux autres Parties du monde , nous voyons le volcan de Pitchincha fitué dans le Pe- rou , élever fes laves à deux mille quatre cens trente toifes. Le volcan dé Tenerife , felon les obfervations des favans Académiciens Mrs. de Borda , Pingré , &c. , eft élevé de mille fept cens quarante-deux toifes. Le volcan de Sinchoulogoa a élevé fes laves juf- qu'à deux mille cinq cens foixan- te - dix toifes : celui d'Antifana juf- qu'à trois mille vingt toifes. Celui de Cargaviforafo , quoique écroulé fur lui-même , eft élevé de deux mille quatre cens cinquante toifes ; celui d'El-Altan de deux mille fept cens trente ; celui de Tongouragoa de deux mille fix cens vingt; celui de Sangaï qui brûle actuellement, de deux mille fix cens quatre-vingt toifes.

Ces montagnes ignivomes , qu'on voit ainfi dominer fur les montagnes de leur voifinage vitriformes ou calcaires, devoient être rapprochées ici, & mises en parallèle avec notre volcan du Mezin, montagne la plus haute du Vivarais & l'une des plus élevées de l'intérieur de la France. Ces vues rapprochées feront juger que les volcans, ou plutôt leurs *forces expulsives*, peuvent élever jusqu'à la région des nues & amonceler des laves sur des laves qui dominent sur toutes les élévations terrestres. Ces mêmes faits & observations démontrent, 1°. l'existence des concavités énormes qui ont succédé à ces amas de matières expulsées, inférieures à ces élévations & à toutes les montagnes de laves, 2°. les forces projectiles nécessaires à l'élévation de tels édifices.

M. de Gensanne a trouvé, sur le Mezin, la hauteur du mercure dans le baromètre, de 23 pouces & une ligne.

Voyez, dans la suite de cet Ouvrage, mes expériences barométriques.

Je finis la description du Mezin par cette seule observation; je l'offre à quelques Naturalistes & je les prie de la bien méditer.

1192. Les volcans d'Agde, de Montferrier, de Brescou sont avoisinés ou baignés par les eaux de la mer; ils sont situés sur un sol calcaire, & ils offrent du basalte qui est de même couleur, nature & aspect que le basalte noir du Mezin, montagne située sur la roche granitique élevée d'environ mille toises au dessus du même niveau de la mer. Voilà une comparaison de deux observations faites sur des lieux bien différens en distance, en profondeur & en nature : je l'offre aux Naturalistes systématiques qui se plaisent à assigner le local & la nature des matières constituantes du basalte, & à tous ceux qui croient que la roche fondamentale des volcans est la matière première des laves qu'ils rejettent.

Le volcan du Mezin à ses fontaines d'eaux minérales ferrugineuses, comme toutes les montagnes volcaniques. Du pied de ce volcan suintent cinq à six filets d'eau peu éloignés les uns des autres. Les eaux de

toutes les fontaines des pays volcanifés contiennent en général plus ou
moins de fer en état de diffolution,
ce qu'on reconnoît par l'épreuve de la
noix de galle.

HISTOIRE NATURELLE

DU VOLCAN DU GERBIER-DE-JONCS, D'OÙ SORT LA LOIRE.

1193. Le Gerbier-de-Joncs a pour
fondement le grand plateau de bafaltes, qui couvre tout le fommet de la
montagne.

C'eft du pied du volcan du Gerbier-de-Joncs que fort la Loire, cette
rivière ou plutôt ce fleuve qui porte
dans un fi grand nombre de Provin-
ces de la France la fécondité & la
vie. Un petit filet d'eau, gros comme
le doigt, eft la première fource de
ce fleuve puiffant ; & les bonnes gens
du pays qui l'ont vu dans toute fa
rapidité & fa force dans les Provin-
ces inférieures à la nôtre, fe réjouif-
fent autour de cette petite fource,

en dominant fur fes eaux naiffantes.

La fource de la Loire, felon Bail-lieul, eft fituée au 21e. dégré 40 mi-nutes de longitude & au 44e. degré 50 minutes de latitude.

1194. Le volcan du Gerbier-de-Joncs eft compofé de laves lamelleufes grisâtres, particulières à ce volcan, & différentes de la lave-bafalte & de la lave fpongieufe, matières ordinairement évacuées par les volcans connus. Il eft placé fur une plaine étendue du côté du midi, tandis que, du côté du nord, il eft au bord d'un précipice le plus affreux, du fond duquel le Gerbier-de-Joncs paroît comme la flêche d'un clocher.

1195. Il n'exifte point en Vivarais des montagnes volcaniques plus rapi-des ni plus droites : le Gerbier-de-Joncs eft de la forme d'un pain de fucre, formant un angle fort aigu, mais dont le fommet eft coupé en platte-forme avec un très-petit enfoncement au cen-tre. Cette petite plaine eft d'environ huit à dix pas de diamètre, & ce n'eft qu'après des peines extrêmes qu'on peut y parvenir.

En effet, la lave qui compose toute la montagne, n'est qu'un tas de tables horizontales dont le diamètre diminue à mesure qu'on monte vers le sommet du volcan ; des larges fentes perpendiculaires coupent ces divisions horizontales ; on trouve même des fentes qui ont plus de deux pieds de largeur.

On monte aisément jusques au milieu de la montagne ; on peut faire à cheval le quart du chemin, mais lorsqu'on est arrivé vers le milieu, il faut jeter des crochets attachés au bout d'une corde sur quelque arbrisseau, pour monter quelques degrés plus haut.

On passe à travers des endroits non seulement très-difficiles à gravir, mais encore très-dangereux. Plusieurs tables de laves fort larges & fort épaisses, posées pêle-mêle sur d'autres tables, ferment quelquefois le passage ; & si l'on veut essayer de passer à travers , tout cet assemblage tremble sous les pieds. Plus haut on trouve des pentes très-rapides couvertes de pelouse : on n'arrive enfin au sommet qu'après bien des travaux & des dangers, qui augmentent encore, lorsqu'il faut descendre. Lorsqu'on est arrivé à la pelouse sur-tout , il faut se laisser entraîner par son propre poids : on tombe ainsi sur le tas de laves qu'on fait trembler par le poids du corps.

1195. Les laves du volcan de Gerbier-de-Joncs sont peu ferrugineuses, de couleur grise : c'est un basalte d'un blanc sale qui n'a point les divisions perpendiculaires qui forment les colonnes prismatiques ferrugineuses du Bas-Vivarais ; ses couches se délitent & sont posées parallèlement les unes sur les autres. On s'en sert dans le voisinage pour couvrir les toits des maisons.

Nous ne descendrons point du haut Vivarais sans parler de la découverte faite par Dom d'Acher , Procureur de la Chartreuse de Bonnefoi.

1196. Ce Religieux , qui a fait bâtir

la

la fuperbe Chartreufe fur des mafures volcaniques du haut Vivarais, & qui a obfervé toutes les excavations faites pour en établir les fondemens, me fit préfent, en 1777, d'un morceau de bois pétrifié qu'on trouva en creufant les fondemens du cloître. Les fibres ligneufes ne font point effacées, le foffile eft réduit en charbon qui participe de la nature de la pierre; c'eft un tronçon de branche d'arbre que les laves enflammées réduifirent en charbon, lorfque, s'étendant en forme de fleuve de feu fur les campagnes cultivées avant les éruptions, elles abattirent & entraînerent les arbres, les corps mobiles, & tout ce qui s'oppofa à leur paffage.

Le terrain tout formé de laves qui domine fur les lieux enfoncés d'où l'on a tiré ce charbon foffile, confirme tout ce que nous avons dit fur l'émerfion de ce fol au deffus du niveau des mers à l'époque de l'éruption des feux.

En defcendant des fommets volcanifés de la Montagne, il faut paffer

Tome II.   E e

par Lachamp, Mezillac, Gourdon &
Lefcrinet ; on ne fort point ainfi du
territoire volcanifé. De Lefcrinet il
faut paffer fur les fommets du Coiron, en fuivant le plateau fupérieur &
bafaltique, qui domine fur la chaîne
des montagnes de Mezillac, Gourdon
& Lefcrinet.

HISTOIRE NATURELLE

DU VOLCAN DU PIC-DE-L'ÉTOILE.

Les aifances de la vie, l'ardeur du
commerce, toutes les caufes des voyages, ont fait tracer des chemins à travers les lieux les plus rudes. Mais le
Naturalifte eft fouvent obligé de fuir
ces lieux pratiqués & toutes les ha-
bitations de l'homme, pour obferver
en filence & à l'écart les faits de la
nature.

Pour parvenir au Pic-de-l'Etoile, il
faut monter fur la montagne d'Aifac,
gravir l'autre montagne des Hauches
qui en eft voifine & qui paroît en-
taffée fur la précédente. Ce lieu fo-

litaire eſt la retraite des loups : on jouit ſur ſon ſommet de la vue des Alpes, du Mont-ventoux, des pics hériſſés du Dauphiné & de pluſieurs autres du Languedoc, qui ſont tous d'un aſpect le plus frappant. On obſerve, en grimpant ſur ces élévations, la totalité de la montagne volcaniſée de Coupe qui paroît bien enfoncée dans la vallée ; on peut la conſidérer à vue d'oiſeau d'un ſeul coup d'œil : on voit l'intérieur du cratère avec toute ſa régularité, la ſortie des laves de cette ouverture, leur direction vers le bas de la montagne, le ſyſtème général du volcan, des matières pouzolaniques & martiales qui le couvrent extérieurement, tout l'enſemble enfin de l'édifice volcanique.

On parcourt enſuite le ſommet d'une autre montagne voiſine ſituée ſur celle-ci : le paſſage eſt d'abord ſi étroit & ſi difficile en pluſieurs endroits, que deux perſonnes ne ſauroient y paſſer de front ſans qu'une d'elles ne perdît l'équilibre & ne ſe précipitât vers le

pied de la Montagne , c'eſt-à-dire , à
plus de deux cens toiſes de profondeur.
On m'aſſura qu'un payſan avoit trouvé
depuis peu un loup qui venoit à ſa rencontre : ſon allure témoignoit qu'il paſ-
ſeroit de gré ou de force ; il ne vou-
lut pas accepter , en effet , l'eſpace
étroit que le payſan lui offroit du
côté du précipice , il fallut rétrogra-
der juſqu'à ce qu'il eut trouvé un chemin plus large.

Après ce paſſage difficile on monte
ſur d'autres montagnes plus élevées,
encore, compoſées d'un tas de rochers
granitiques entaſſés pêle-mêle les uns
ſur les autres ſans aucun ordre ; tout
y eſt dans une telle confuſion , qu'une
perſonne qui ignoreroit la préſence
d'un volcan ſupérieur ſeroit très-éton-
née de ce déſordre. Ici l'on eſt obligé
de prendre un manteau , & de bien
s'envelopper à cauſe de la vivacité d'un
air extrêmement froid. On paſſe d'ailleurs à travers des amas de neige dont
la plus grande profondeur eſt dans certains endroits , comme dans les petits

vallons, de trente à cinquante pieds. Pour
paſſer au-delà il faut être bien ſur ſes
gardes, avoir des ſouliers faits exprès
& à très - grande ſurface inférieure,
pour être porté par la neige, & ne
pas fréquenter ces lieux pendant ſa
fonte. J'ai viſité cette partie vers la fin
du mois d'avril 1778.

1197. Après avoir monté l'eſpace
de deux lieues d'une montagne à l'autre, on voit d'un peu loin le Pic-de-
l'Etoile. C'eſt une montagne très-ré-
gulière, en forme de pain de ſucre,
toute compoſée d'un amas de laves torréfiées noires & poreuſes, moins martiales que celles du volcan de Coupe,
farcies de morceaux de choerl, & la
plupart tellement *calcinées*, que la ſeule
preſſion des doigts peut les réduire en
poudre ; alors c'eſt la plus pure des
pouzolanes.

1198. Ce pic de laves eſt contigu
au *cratère* de la grande montagne volcanique qui s'offre ſous la forme d'un
immenſe baſſin fort régulier & de figure ronde, formé par l'éboulement des

matières qui retomboient fur elles-
mêmes , lorfque le volcan épuifé de
forces *expulfives* & d'alimens , ne pro-
jetoit plus au dehors qu'avec foibleffe
le refte de fes productions fouterraines.

La circonférence de cette bouche
volcanique eft d'environ un quart de
lieue & l'enfoncement eft proportionné
à cette ouverture évafée du côte du
midi d'où s'écoulèrent les laves ferrugineufes qui règnent dans la rivière inférieure de la Baftide & dans la plaine voifine du Château. Ces laves font d'une
épaiffeur énorme dans plufieurs endroits , informes dans leur divifion à
caufe de l'irrégularité de leur fondement , comme nous le dirons ci-après.
Toutes les autres productions font gigantefques , & annoncent des forces
fupérieures dans ce volcan plus impétueux autrefois que fes voifins.

1199. Après avoir parcouru le cratère du volcan du Pic-de-l'Étoile, on
doit obferver les précipices qui fe préfentent tout-à-coup du côté du midi ,
& qui offrent à la vue une partie de

la plaine inférieure de la Baftide. Cette plaine qui eft plus baffe au moins de deux cens cinquante toifes que le cratère, n'eft qu'une immenfe table de laves-bafaltes qui fe font précipitées du haut du volcan du Pic-de-l'Étoile, en forme de cafcade prefque perpendiculaire.

Quels termes pourront exprimer les terribles phénomènes qui durent accompagner l'éruption affreufe de ce fleuve igné, qui fe précipita des élévations du bois de Cufe dans ce lieu inférieur !

Le bois de Cufe eft fitué fur un plateau horizontal de bafaltes qui repofent fur des roches granitiques qui compofent la montagne, & cette montagne eft tranchée d'une manière prefque perpendiculaire; de forte qu'elle préfente une furface verticale de près de deux cens cinquante toifes.

Le volcan du Pic - de - l'Étoile eft placé à l'extrémité de ce plateau fupérieur, & c'eft de ces élévations qu'il

a verfé ce fleuve de bafaltes qui forment la plaine de la Baftide.

De là le défordre des roches granitiques des lieux frappés par cette
horrible cataracte de matières enflammées & les plus compactes : la force
acquife & accélérée de ces matières, forma ces excavations énormes,
ces gouffres profonds qui fe trouvent
inférieurement, en traînant les maffes
granitiques du voifinage, qu'on ne voit
plus qu'en forme d'amas informes
amoncelés d'une manière la plus bi-
zarre.

1200. Le cratère du volcan du Pic-
de-l'Étoile, dont nous avons fait le
tour intérieurement & extérieurement,
eft changé en pré : le foin eft la feule den-
rée qu'on puiffe tirer de ce terrain froid,
élevé & expofé aux fureurs des vents.
Le fond de cette bouche eft prefque
toujours plein d'eaux pluviales, fta-
gnantes & bourbeufes dont la fuperficie refte long-temps glacée & forte-
ment attachée dans cet état de folidité au fol latéral qui eft glacé auffi

affez profondément. Nous voulûmes percer cette couche de glace : le levier de fer agiffoit puiffamment , lorfqu'une pièce de glace fauta en éclats, effet de la preffion des eaux fouterraines qui , dans un temps où toutes les iffues étoient fermées par la glace, fe trouvoient comprimées inférieurement , & faifoient des efforts depuis long-temps pour fortir de cet état.

Lorfqu'on frappe avec quelque inftrument un peu pefant fur le fol de ce cratère , on entend des bruits fouterrains qui perfuadent que les boyaux du volcan ne font pas à une très-grande profondeur.

1201. On peut fuivre la coulée bafaltique du volcan du Pic-de-l'Étoile : elle s'étend depuis la bafe de la montagne granitique du haut de laquelle elle s'eft précipitée ; elle forme toute la plaine de la Baftide , où elle eft couverte dans plufieurs endroits d'une couche de laves fpongieufes noirâtres. Elle s'étend enfuite dans la vallée inférieure au deffous du Château, en fuivant les finuofités des roches qui la foutiennent.

L'action poftérieure des eaux courantes a miné cette coulée de laves, qui s'offre fous la forme de remparts perpendiculaires qui fuient en ferpentant, & en formant des avancemens faillans & circulaires, où les prifmes bafaltiques fe préfentent fous le plus bel afpect. D'autres fois les eaux de la rivière ont excavé un lit entre la roche fondamentale granitique & le courant de bafaltes fuperpofés, ce qui forme des efpèces d'antres ou voûtes bafaltiques.

Le fyftême des montagnes granitiques du voifinage eft dans un état de confufion fingulière : le penchant de la montagne fituée entre le château de la Baftide, Juvinas & le Colombier, offre des quartiers énormes de granit bouleverfés, détachés de leurs carrières, fouvent pulvérulens. La roche vive eft divifée par des fciffures dirigées fans aucun fyftème ; de là l'état de dégradation affreufe de tou-

tes les montagnes granitiques du voifinage, tandis que, dans le Bas-Vivarais, les montagnes à couches horizontales proportionnées n'ont éprouvé que des altérations uniformes &
régulières, parce que réfiftant d'une
manière égale de tous côtés, l'enfemble s'eft mieux confervé. L'altération
opérée par le temps fe fait alors
également dans toutes les parties avec
une efpèce d'équilibre. Dans les grandes opérations de la nature, comme
dans nos opérations mécaniques, la
partie la plus foible eft fufceptible de
la première dégradation.

1202. Les Hauches, petit hameau
de la Paroiffe d'Antraigues, eft fitué à mi-côte d'une montagne très-
élevée & très-efcarpée. La rivière du
Volant arrofe le pied de cette montagne qui eft coupée prefque à pic
dans certains endroits, tandis que d'un
autre côté fa pente un peu plus facile préfente des tas de roches confufément amoncelées les unes fur les
autres, & toutes de nature vitriforme.

Une fontaine bitumineuse sort d'une fente fort étroite qui est entre deux rochers : les eaux en sont épaisses, noirâtres, visqueuses, laissant à leur superficie une espèce d'huile qui réfléchit toutes sortes de couleurs vives, & qui est très-peu épaisse.

À côté de cette fontaine un peu inférieurement, on voit sortir un autre filet d'eau qui est une branche de la source précédente, & qui a les mêmes qualités.

Ces fontaines sont fort limoneuses : les environs d'où elles sortent sont empâtés de bitume noirâtre ; les brins d'herbe qui tombent dans leurs eaux, de même que les morceaux de bois sont bientôt imprégnés de cette eau ; une sorte de vase très-grasse & très-limoneuse se trouve au fond du réservoir extérieur de la fontaine, & cette vase exposée à l'air s'y endurcit sans faire ensuite aucune effervescence avec les acides, ni sans brûler au feu.

1203. Au reste, cette fontaine bi-

tumineufe des Hauches eft fituée entre les volcans du Pic-de-l'Étoile &
de Coupe d'Antraigues, qui font diftans d'une lieue & demie l'un de l'autre. Elle ne gèle jamais, malgré le
froid exceffif qu'il fait dans ces lieux
élevés pendant fix mois de l'année.

1204. On peut demander ici quelle
peut être la caufe de cette fource, &
quelle eft l'origine de cette matière
bitumineufe dans un fol fi élevé de
nature vitriforme, où il doit fe trouver fi peu de matières organifées pour
former de femblables décompofés ?

En effet, on ne trouve ici, ni charbons foffiles, ni tourbes, ni pétrifications, ni aucune trace de deftruction d'êtres vivans.

Le granit fecondaire, qui a fubi tant
de révolutions, eft ici dans l'état le
plus antique & le plus intacte qu'il
foit poffible de le fuppofer : la montagne des Hauches eft un bloc énorme
de granit coupé prefque à pic, & de
plus de trois cens toifes d'élévation.

Je croirai donc que, placée entre

deux volcans peu diftans l'un de l'autre , cette eau paffe à travers quelque
refte de matières volcaniques non in-
cendiées , & que là , elle s'imprègne
tellement de matières bitumineufes ,
qu'elle les tranfporte au dehors : on
fait que ces matières bitumineufes font
partie des alimens des feux fouterrains , que les charbons de terre ont
une grande analogie avec ces fubftances , que les volcans d'Italie ont
fouvent vomi des torrens de bitume ,
& que dans les voifinages des montagnes volcanifées , on trouve fouvent
des matières de cette nature , bien différentes des laves qui , ayant paffé par
le feu fouterrain , n'offrent plus que
ce qu'elles ont de terreftre , ou plutôt d'indeftructible par le feu même ,
tandis que toute leur matière huileufe,
faline , fulfureufe , &c. , a été évapo-
rée , volatilifée hors des fourneaux
volcaniques pendant l'incendie fouterrain.

Nos houilles des environs des volcans & nos fontaines de bitume ne

font donc que des matières préfervées de l'incendie, féparées anciennement du feu fouterrain pendant les éruptions. En deux mots, ce font les alimens encore intactes des volcans qui s'allument eux - mêmes quelquefois d'une manière peut-être fpontanée : témoins ces carrières de houille qui brûlent dans de grands fouterrains dans le Forez, fans le concours des eaux de la mer.

HISTOIRE NATURELLE

DU VOLCAN DE LOUBARESSE.

1205. Du pied du groupe des roches granitiques du fommet du grand Tanargues, part une petite chaîne de montagnes affife fur la grande roche granitique qui foutient toutes ces montagnes entaffées, & qui forme la maffe du Tanargues décrite (466 & fuiv.)

Le volcan de Loubareffe eft ainfi fitué à deux lieues de diftance du plateau horizontal & bafaltique des volcans de la montagne que nous décri-

vons : il eſt ſans cratère ; ſes coulées
ſont peu étendues ; les eaux courantes
& toutes les cauſes qui détruiſent les
volcans ont fait diſparoître ſon ancienne économie , & reculent fort loin
dans l'antiquité des temps l'époque comparée de ſes éruptions.

1206. Le vieux volcan de Loubareſſe eſt ſitué au commencement ſupérieur de la vallée de Valgorge , la plus
large , la plus profonde & la plus étendue que nous ayons en Vivarais : ſes
baſaltes, fondement de tout l'édifice volcanique , forment des buttes hériſſées de
pointes ſur leſquelles fut bâtie jadis
la Tour de Loubareſſe : elle correſpon-
doit à celles de Briſon , de Saint-Lau-
rens-des-Bains , & celles-ci à pluſieurs
autres placées dans les gorges & aux
deux extrémités des vallées.

Sous le gouvernement féodal , les
Seigneurs en guerre entre eux ſe
donnoient des avis du haut de ces tours
correſpondantes : un certain nombre
de luminaires les inſtruiſoit au beſoin ;
& quoique notre pays fût tout hériſſé
de

de pics ou de montagnes , du haut de ces tours placées aux angles des zigzags ou aux partages des vallées , ils faifoient circuler leurs volontés & leurs avis dans la Province , & leurs alliés les recevoient de nuit felon les conventions des fignaux donnés mutuellement. Les Catholiques & les Proteftans fe fervirent dans la fuite de ces tours pendant leurs guerres.

1207. Le roc bafaltique fur lequel fut bâtie la tour de Loubareffe eft très-pur ; il eft pofé fur des roches de granit, & il faut defcendre fort profondément dans la vallée de Valgorge , pour obferver le fol fondamental.

1208. Le courant de fes laves eft fouvent interrompu par le paffage d'un ruiffeau qui coupe à angles droits fa direction ; de forte qu'une perfonne qui ne connoîtroit que la nature du bafalte fans favoir faifir l'enfemble d'un volcan, croiroit appercevoir ici une multiplicité de volcans.

1209. Sur la crête de ce volcan j'ai trouvé un bloc de granit enveloppé en partie de bafalte : je coupai à grands coups de marteau cette pièce curieufe , qui offrit un creux nuancé de bafalte & de granit fondu vernifé qui s'inféroit dans la lave & réciproquement. Le granit étoit tout décompofé dans les environs de ce creux ; les grains de quartz difféminés avoient réfifté davantage à l'action du feu.

Volcan du Sut-de-Beauzon.

1210. Ce volcan a vomi fur le fol volcanifé fupérieur dont la pente & les eaux courantes tendent vers l'océan : il offre fa gueule béante au Vélay , & domine fur tous les volcans du voifinage.

1211. Le Sut-de-Beauzon a verfé fes bafaltes dans la vallée inférieure ; elle femble déchirée par une crevaffe formée par les eaux courantes qui , fe ramaffant dans le cratère , s'épanchent dans cette excavation.

1212. Vers le fommet de cette montagne fe trouvent des noyaux de lave en forme d'amande pétrifiée ; chaque amande eft attachée par un pédicule à fa voifine, comme les grains d'un chapelet. Si l'on ouvre les noyaux, on trouve un morceau de granit, ou de grès, ou de choerl, ou de bafalte dur, ou de verre noirâtre. Le fommet du mont de Coupe offre de femblables noyaux.

VOLCAN DE CHAUDEYROLE.

1213. Cette montagne ifolée & cônique s'élève majeftueufement fur une plaine en montagne, fans cratère, fans courans bafaltiques ; elle eft environnée de laves fpongieufes & argileufes: celles-ci font violettes ou noirâtres, ou blanches, ou rouges, & peuvent fervir de pouzolane.

Le fommet de ce volcan eft couvert de bafaltes blancs, lamelleux, comme ceux du haut du Mezin.

VOLCAN DU CROS-DE-PÉLISSIER.

1214. Ce volcan eft fitué fur l'extrémité méridionale du plateau fupé-

rieur volcanisé de la montagne ; ses
laves ont été précipitées dans la vallée de Burzet où elles offrent des points
de vue très-magnifiques. Je reviendrai
un jour sur ces lieux , ne voulant point
laisser ces vues perdues dans un pays
montagneux. J'expliquerai les phénomènes du clocher de Burzet, remarquable en ce qu'il éprouve deux mouvemens singuliers lorsqu'on sonne les cloches , l'un de frémissement & l'autre
de déplacement , selon les allée &
venue des cloches.

CHAPITRE XIV.

De l'influence des terrains volcanifés fur le génie & le caractère du peuple qui les habite.

1215. UNe longue étude de l'Hiftoire ancienne & moderne du Vivarais m'avoit appris que le génie du peuple d'un canton varioit de celui du peuple voifin d'une manière fingulière. Ayant étudié fpécialement les territoires volcanifés & ceux qui ne le font point, je remarquai que le caractère des habitans changeoit comme les terrains. La combinaifon du phyfique & du moral me confirma dans cette croyance.

L'Hiftoire m'a appris fur-tout que les habitans des régions volcanifées furent les premiers rebelles dès l'époque de nos guerres civiles ; que la rebellion s'y foutint plus long - temps , & que ces régions ont le plus coûté de travaux aux Officiers du Roi prépofés

pour civilifer ces contrées, pour dompter la fierté & l'indépendance Vivaroife,
pour affervir à la fociété le naturel du
Montagnard fougueux & revêche.

Les fommets du Coiron font volcanifés : en paffant du Coiron vers la
haute Montagne , on trouve Gourdon
& Mezillac ; le fommet de ces montagnes eft tout couvert de laves.

Si nous defcendons de ces élévations
nous trouvons Geneftelle, Antraigues,
Vals , Afprejoc, Aifac, Thueitz, Montpezat , Jaujac, la Souche , Aubenas ,
Privas , Aps , Villeneuve , Mirabel ,
&c. , avoifinés par ces montagnes ou
bâtis fur les laves même : or , ce fut
précifément dans ces lieux que la rebellion fut plus audacieufe & plus opiniâtre. Ces Villes & ces Bourgs étoient
de places fortes où tous les payfans des
lieux volcanifés venoient fe barricader ;
de-là ils réfiftoient aux armées royales ,
ils les tailloient en pièces, ils en étoient
auffi battus quelquefois.

1216. Changeons de terrain & paf-
fons du côté non volcanifé, & nous trou-

verons la Chapelle, Vogué, l'Argen-
tiere, Chaffiers, Uzer, Joyeufe, La-
blachere, Rofieres, Ruoms, le Bourg-
Saint-Andeol, Valvinières, Saint-Mon-
tant, &c., où les efprits furent paifibles.
La plupart de ces paroiffes ne chan-
gèrent pas même de religion, & tandis que le refte de la province étoit
tout à feu & à fang, ces heureux cantons jouiffoient de la paix.

Il eft vrai que Valon, Lagorce &
Salavas, fitués dans les régions non
volcanifées, fe diftinguèrent parmi les
places rebelles : mais on doit faire
attention que ces Paroiffes étoient des
lieux de paffage des Proteftans & de
leurs armées d'une province à l'autre ;
celles des Princes du fang révoltés
paffèrent plufieurs fois dans ces lieux :
or, quelque pacifique que foit un peuple, il réfifte rarement à une armée.
On trouve néanmoins des exemples
d'une conftante fidélité dans les peuples de ces terrains non volcanifés ;
les villes de l'Argentière, le Bourg-
Saint-Andeol, &c., malgré tant d'ef-

F f 4

calades , furent toujours fidèles & à
leur religion & à leur Roi. Voilà donc
des preuves historiques de l'influence
des volcans au génie altier & re-
muant d'un peuple qui est tranquille
dans l'autre partie du pays non volcanifé. Laiffons les temps paffés & pre-
nons des exemples plus modernes.

1217. Ce n'est que de nos jours que
le Gouvernement a pu envoyer dans
ces contrées des troupes & des Officiers pour dompter la fierté Vivaroife.
A l'époque même où Louis XIV donnoit des lois à fa Nation & à l'Europe,
après avoir peuplé la France de Savans & renouvellé la Nation, le Vivarais offre des révoltes dont on n'a
rien écrit encore. Dès le commencement du règne de Louis XV, on trouve
auffi des rebellions paffagères. Or ,
j'ai vu dans des manufcrits de la Bibliothèque du Roi, & dans ceux que
j'avois déjà, que les villages du territoire volcanifé fomentèrent toujours
la révolte.

1218. Et n'eft-on pas convaincu au-

jourd'hui que les fommets des montagnes , les Boutières , & notamment
Mezillac , Gourdon , Geneftelle , Antraigues , Vals, Thueitz, Montpezat, la
Souche , Valgorge , &c. , font les lieux
qui ont le plus coûté de travail à ceux
qui fe font dévoués aux opérations
politiques & militaires , pour dompter le peuple fi enclin à s'émeuter ,
à s'attrouper , à fe battre ?

Qu'on n'objecte point , contre toutes
ces vérités de fait , que ce font les
lieux efcarpés & de difficile accès qui
ont ainfi organifé les têtes & favorifé
la révolte. Vinezac , l'Argentière , Chaffiers, Montreal, Laurac, &c. , font fitués
auffi dans des contrées hériffées de montagnes ; ces lieux furent néanmoins toujours paifibles.

1219. Il eft donc inconteftable que
les volcans ont influé finguliérement
fur le génie du peuple de la zone volcanifée , & qu'il a fallu toute la faga-
cité des Officiers du Roi, pour infpirer
des mœurs plus douces & mettre ces
peuples à l'uniffon.

C'est donc faire l'éloge de ces peuples maltraités par leur climat, que de
montrer qu'ils ont ainsi dompté la nature ; c'est faire celui des Officiers du
Roi employés à ce grand Ouvrage ;
c'est faire celui de notre siècle.

Venons à présent aux peuples des
régions non volcanisées.

Ceux-ci n'ont pas l'ame si fière ni
si indomptable, mais ils ont aussi le
cœur plus amolli. Dans le peuple des
pays volcanisés l'ame maîtrise les sens ;
l'amour de la volupté n'y réside que
parmi les ivrognes, les gourmands &
les personnes sédentaires. Mais dans
les régions du bas Vivarais non volcanisées, c'est le cœur & les sens, au
contraire, qui maîtrisent l'ame : ils n'ont
plus cette fierté ni cette indépendance
qui caractérise les Montagnards : ils
aiment les plaisirs ; l'amour y trouve plus
de prosélytes, & les sens veulent se
satisfaire : leur climat & leur sol contigus à ceux de Languedoc leur donne
un autre génie, dont nous parlerons
davantage dans l'Histoire Naturelle de

l'homme ; car nous n'avons ici en vue
que les influences des lieux volcanifés
fur le génie du peuple du Vivarais.

1220. Ces faits & ces obfervations
peuvent fervir de bafe à une théorie
politique du gouvernement de cette
province compofée d'un peuple dont
le caractère varie ainfi fi rapidement.

Dans le bas Vivarais où les corps
& les ames font plus efféminés, les apparences impofantes des richeffes, une
petite place, un rang quelconque,
même avec des talens médiocres, fuffifent pour affervir tout un peuple. Il
exifte dans cette contrée plufieurs
exemples mémorables qui prouvent combien ces conditions réunies peuvent
dompter des ames naturellement pufil-
lanimes, exemples qui trouvent leurs
analogues dans l'ancienne Rome. Dans
fa décadence, il ne falloit aux Em-
pereurs que des fêtes, des fpectacles
& des appareils impofans, pour avilir
les efprits républicains, & pour effacer, par la corruption du cœur, les vertus de l'ame néceffaires au maintien
d'une république.

1221. Dans la région volcanisée du Vivarais, il faut plus que tout cela : on y fait abaisser la vanité & les prétentions de tout ambitieux & de tous ceux qui veulent s'élever au dessus de leurs concitoyens : ceux qui y font revêtus d'une autorité quelconque n'y commandent que par la raison & la persuasion ; souvent ils font obligés de faire connoître la raison d'une telle conduite , & malheur à l'étranger qui veut réprimer le naturel du Montagnard lorsqu'il a bu un verre de vin.

Les voyageurs qui viennent visiter nos volcans doivent toujours se mettre de niveau avec ces Montagnards, leur parler avec bonté , ne point les commander. On les voit alors fléchir , & déposer toute prétention : ils sautent sur les montagnes & d'un pic à l'autre, pour faire connoître , sans intérêt , les curiosités aux étrangers , après les avoir accablés de questions sur la nature des objets qu'on visite ; car depuis qu'ils voyent des Parisiens & des Académiciens faire deux cens lieues

pour obferver leur pays, ils ont toujours cru que le Vivarais renfermoit
quelque mine précieufe.

1222. Ces obfervations fuffifent pour
montrer que, dans la partie du Vivarais où le peuple eft efféminé, il ne
faut qu'un peu d'apparence pour y commander en defpote ; mais chez le peuple de l'autre climat, il faut des talens fupérieurs, des caractères flegma-
tiques, pour ne point embrafer les têtes
de ceux de ces cantons ; auffi verrons-
nous dans la partie hiftorique de cette
province, que les Romains ayant con-
quis les Gaules & le pays des Helviens,
(aujourd'hui le Vivarais) ces fiers Conquérans ne détrônèrent point le Prince Helvien, ils le traitèrent au
contraire en ami, & ce Roi devint
leur foutien dans plufieurs rencontres.

1223. Jufqu'à préfent nous n'avons
donné que quelques preuves d'un fait
qui montre feulement que les volcans
ont quelque pouvoir fur le génie du
peuple ; mais par quel mécanifme une
montagne volcanifée peut-elle agir ainfi

fur l'ame , & par conféquent fur le caractère d'un peuple ? Ici le Naturaliste est
un peu embarraffé , & pour réfoudre
ce problême ; il fe trouve obligé de
recourir aux connoiffances phyfiologi-
ques de la machine humaine , pour s'élever jufqu'à l'ame.

L'ame & le corps ont une telle liaifon mutuelle , que , lorfque les opérations mécaniques & matérielles du
corps font dérangées , les opérations
fpirituelles de l'ame fe reffentent du
dérangement de la partie mécanique.

Cette noble partie de notre être ,
cette fubftance fpirituelle , active par
elle-même , devient alors paffive en
quelque forte ; elle eft foumife à tous
les coups de la partie matérielle , &
lorfque l'homme fouffre , la mémoire ,
le fentiment , l'ufage des fens ; la volonté , & toutes les facultés de l'ame
s'éteignent & difparoiffent peu-à-peu
l'une après l'autre à mefure que les fouffrances augmentent , & que la partie
machinale de fon être fe dérange &
fe diffout.

Les nerfs font les inftrumens dont fe fert l'ame pour exécuter fes volon-tés, & pour connoître, par leur minif-tère, tout ce qui fe paffe hors de nous.

Ces nerfs font les organes qui fai-fiffent le plus avidement le fluide élec-trique. Un plateau ou un globe d'é-lectricité compofé de nerfs d'animaux eft une excellente machine électrique. Dans les maladies où les nerfs font fans mouvement, comme dans la para-lyfie, quelques fecouffes électriques opè-rent des miracles, en mettant en jeu ces cordes engourdies. Les nerfs & le feu électrique ont donc une fympathie démontrée par des faits.

1224. Or, comme nous obferverons par d'autres faits que nos volcans du Vivarais font de grands réfervoirs de fluide électrique, comme nous montre-rons que les nuages qui s'en élèvent con-tiennent la foudre & la grêle, & comme, lorfqu'il n'y a pas de nuages humides, ces vapeurs électriques s'étendent à droite & à gauche dans les environs, il fuit néceffairement que le peuple qui habite le voisinage d'une montagne volcanisée, éprouve les influences d'une atmosphère presque toujours surchargée d'électricité.

Ainsi, les nerfs sont les organes sur lesquels l'électricité agit plus puissamment: ils sont d'ailleurs les officiers de l'ame, les instrumens de ses facultés actives dépendantes de la volonté, les parties matérielles, enfin, qui s'approchent le plus de son être immatériel.

1225. De ces vérités combinées il suit donc que l'ame des habitans des lieux volcanisés doit être dans une singulière activité qui ne se trouve pas dans les habitans des autres cantons, à cause du mouvement perpétuel de ses instrumens nerveux & sensibles.

Ces observations & ces faits que nous développerons davantage dans l'Histoire Naturelle de l'homme, (Tome VI) expliquent ainsi l'activité du caractère des habitans des lieux volcanisés, qui diffère si fort du caractère plus mou des peuples du voisinage.

De sorte qu'on peut dire que, si

un

un air fans ceffe électrique rend les facultés de l'ame plus actives, l'air privé de cette quantité d'électricité les rend plus engourdies. Auffi, les peuples qui habitent dans les régions baffes & non volcanifées du Vivarais, n'ont pas le caractère altier, impétueux & prompt. de ceux-là.

Ne voyons-nous pas tous les jours que nos facultés corporelles & fpirituelles font abattues, lorfqu'une atmofphère humide vient s'emparer de l'électricité de l'air? Les végétaux euxmêmes ne font-ils pas plus actifs, plus féconds, plus prématurés dans un territoire volcanifé que dans celui qui ne l'eft pas? Le vin de Ville-neuve-de-Berc, fi violent, fi ami des nerfs qu'il agite agréablement, ne reçoit-il pas fon feu du fol volcanifé & du détritus des laves du Coiron, qui font fans ceffe électriques? tandis que le vin des lieux éloignés des volcans, quoique dans le même climat, ne vaut jamais celui de Ville-neuve & n'eft point auffi fécond en molécules fpiritueufes, difons mieux,

Tome II. G g

en fluide électrique dont le propre est
d'agiter tellement les nerfs, qu'il pro-
cure d'abord cette agréable activité
d'esprit & d'imagination, ensuite le
délire, souvent la colère & la fureur,
symptômes de l'ivresse qui est plus
prompte avec le bon vin de Ville-
neuve-de-Berc, qu'avec tout autre du
voisinage.

Nous développerons davantage ces
intéressantes matières dans l'Histoire des
plantes, & dans l'Histoire Naturelle
de l'ame des peuples des divers cantons de la France méridionale.

Toujours il est démontré que les
restes des volcans, leurs laves, quelques froides & inactives qu'elles paroissent à nos yeux, ont encore dans
elles-mêmes une force particulière d'activité occasionnée par leur état électrique presque continuel, qui influe singu-
liérement sur les végétaux, les animaux
& les hommes des contrées volcanisées.

1226. C'est ici véritablement l'occa-
sion de parler de l'étonnante quantité

de fluide électrique, fournie par les volcans en action. Le Chanoine Recupero,
zélé obfervateur des feux de l'Etna,
jadis perfécuté par les méprifables ennemis de la Science, a obfervé les
éclairs qui fortoient de la fumée des volcans : cette fumée produifoit au-delà
les effets les plus terribles ; elle faifoit périr à cent milles d'Italie les ber-
gers & les troupeaux fur les montagnes,
fracaffoit les arbres & mettoit le feu
aux maifons.

Les volcans pendant leurs éruptions
donnent des éclairs & des globes de feu ;
des tonnerres fe font entendre de tous
côtés ; des tremblemens de terre & tous
les phénomènes de l'électricité fe font
fentir dans tout le voifinage ; leurs laves fondues font puiffamment électriques. Voilà des preuves de l'abondance
du fluide électrique dans les volcans
éteints & allumés, & de leur influence
fur les nerfs qui font les agens & les
miniftres des volontés de l'ame.

VOYAGE EN VIVARAIS.
SAVANS A CONSULTER.
BIBLIOTHÉQUES. CABINETS.

Des Savans illuftres qui fe préparent à parcourir le Vivarais , ont demandé des éclairciffemens fur la manière d'y voyager , fur les perfonnes à confulter , fur les dangers qu'on peut encourir , & fur les précautions à prendre.

Je fuppofe d'abord qu'on part d'Aubenas pour obferver. C'eft ici qu'on peut commencer méthodiquement les recherches. Aubenas eft fitué dans le fol calcaire , & au paffage de ce terrain au granitique. Cette Ville a le titre de Baronnie appartenant à M. le Marquis de Vogué , Chevalier des Ordres du Roi. Le château eft d'une pofition la plus heureufe ; fa bibliothèque bien choifie eft la première qui ait exifté en Vivarais depuis la renaiffance des Lettres ; j'en ai tiré les principaux matériaux de l'Hiftoire civile de la Province.

MM. de Lachadenéde, Champagnet, Payan, Duclaux, Ambri, &c., peuvent être consultés sur la position du volcan & sur les environs de cette Ville, qui font très-intéressans.

D'Aubenas on doit monter à Antraigues : on trouve dans une vallée au deffus de Vals, la coulée bafaltique qui conduit vers les cratères de Craux & de Coupe.

On doit visiter le château de M. le Comte d'Antraigues, où font une bibliothèque, des tableaux de prix, un cabinet d'Hiftoire Naturelle qui augmente tous les jours, des momies, des granits & autres échantillons de la minéralogie de l'Egypte que M. le Comte d'Antraigues vient de visiter. Cette intéreffante collection prouve qu'il a beaucoup obfervé dans les contrées orientales. On peut confulter à Antraigues MM. l'Abbé Bartre Curé, Baratier, Mazon, Vigne.

On retourne d'Antraigues à Vals, pour visiter la côte de Mayres dont jai parlé (69 & fuiv.). On obferve

Gg 3

en paffant les laves de Burzet qui s'étendent fous Colombier où l'on trouve M.
l'Abbé Pafcal qui connoît les volcans du voifinage. On paffe le Pont
d'Aulière ; on examine les volcans de
Neyrac , de Souliol , de Jaujac, de
Thueitz ; on monte la côte de Mayres ; on paffe à Pradelles.

Je n'ai rien écrit fur les volcans de
ces contrées, parce que M. l'Abbé de
Mortefagne les a obfervés avec la plus
grande exactitude ; M. Patouillot à
l'Abbaye des Chambons s'en occupe
auffi.

De Pradèles il faut paffer au Lac
d'Iffarlez , au Mezin & à la Chartreufe de Bonne-foi : Dom Maignial
Prieur & les autres Religieux connoiffent parfaitement les volcans des environs. Obferver la Nature & louer fon
Auteur , voilà la vie de ces fortunés
Solitaires qui reçoivent avec bonté
tous les voyageurs que l'amour des
fciences attire dans leur trifte défert.
On doit paffer enfuite fous le Gerbier-de-Joncs , obferver les fources de

la Loire , paffer à Lachamp-Raphaël ,
fur les plateaux volcanifés de Cufe ,
confidérer les précipices affreux qui les
environnent , les pics éloignés & cor-
refpondans des montagnes des environs
de Mezillac , de Gourdon , qui indiquent
l'horizontalité primordiale de cet antique terrain déchiré aujourd'hui par tant
d'excavations. On fuit la chaîne de
Gourdon , couronnée de pics bafaltiques ; on prend garde au paffage de
Lefcrinet dont les coups de vent font
dangereux , & l'on pénètre dans le
Coiron. On y voit M. l'Abbé Roux ,
Prieur de Fraiffinet ; qui connoît bien
les volcans des environs. On trouve
à Berzème M. l'Abbé de Montbrun ,
qui prépare , dit-on , un Ouvrage fur
les mœurs des Vivarois. On paffe au
Pradel , Château qui appartenoit à l'Auteur du Théâtre d'agriculture , Ouvrage
trop peu connu & tant compilé. On
obferve les environs de Ville-neuve-
de-Berc dont je n'ai pas donné la minéralogie , parce que M. de la Boif-
fière s'en occupe : on peut confulter

Gg 4

ce Savant & M. Penchinier, Médecin,
qui connoît bien la Province. M. de
Gébelin, Auteur dont on connoît les
écrits, est originaire de cette Ville.

Les buttes volcaniques d'Aps, de
Rochemaure & de Privas doivent être
visitées.

On passe à Viviers: le chœur de la
Cathédrale mérite quelque attention:
le Séminaire qu'on y bâtit offre de
pierres calcaires dures fort curieuses;
dans l'Evêché se trouve un beau sal-
lon à l'Italienne : on sera édifié du Pré-
lat qui l'habite ; il est le pere des pauvres, il cultive les sciences, il pro-
tège les arts : Madame la Marquise de
Savine dont on connoît les profondes
lumières, s'y trouve quelquefois.

On peut consulter MM. de Flauger-
gues pere & fils : celui-ci a donné des
Mémoires à la Société de Médecine de
Paris, sur la minéralogie des environs
de Viviers, & c'est parce qu'il est en
état de bien décrire tout ce qu'il a
observé, que je n'ai rien dit sur les environs de cette Ville.

On trouve au Bourg-Saint-Andeol M. Madier, Intendant des eaux minérales du Vivarais, qui connoît bien cette partie & les environs de fa ville. On monte à Valon, où l'on trouve M. le Comte de la Gorce, qui a fait une collection de douze mille volumes ; il aura bientôt chez lui deux énormes ftalactites de toute beauté. On examine le pont d'Arc, les grottes de Valon, les cubes de Ruoms, & l'on fe rend à l'Argentière, pour obferver la pofition des granits fur les roches calcaires de la baze du Bederet, les mines de galène & autres curiofités.

On peut voir M. l'Abbé de Nant Curé, qui fait une collection minéralogique des environs. M. de Saint-Pierre - Ville poffède une Bibliothèque dans fon Château. M. de Comte a parcouru la Province avec M. de Lachadenéde & M. de Genfanne : M. Rouchon, M. Roure, M. Vincent, &c., peuvent être confultés. M. Fayolle s'occupe des mathématiques. M. Suchet a trouvé l'art de filer la foie à l'eau tiède : on attend avec impatience la publication de fa découverte qui doit épargner une fi grande confommation de bois néceffaire à cette opération.

A Rocles on trouve M. l'Official qui a enfeigné pendant trente ans la Philofophie avec fuccès : c'eft un des bienfaiteurs du Vivarais , qui a donné des leçons d'une fcience qui avoit été bannie de nos contrées depuis bien de fiècles , & qui s'eft fervi de fa Philofophie pour changer l'efprit revêche de fes anciens paroiffiens.

Dans le haut Vivarais on ne doit pas perdre de vue le Château de Griotier habité par le refpeétable M. du Sollier qui , après s'être diftingué dans le fervice de fon Roi , s'occupe en vrai Philofophe des Sciences utiles ; il poffede une belle Bibliothèque & une colleétion de minéraux la plus confidérable de la Province. Je n'ai point traité l'Hiftoire de la plaine de Quintenas, quelque intéreffante qu'elle foit , parce que ce Savant s'en occupe : il a donné , fans fe nommer , des Mémoires excel-

lens dans le Journal de M. l'Abbé Rozier.
M. Monneron d'Annonai poffède une
collection confidérable de minéralogie.

On voit par ce feul expofé, que les
Sciences pénètrent dans nos montagnes,
que l'Hiftoire Naturelle y eft goûtée,
& que l'efprit de la nation fe propage
peu-à-peu jufques aux pays lointains les
plus agreftes. Il faut avoir des habits
d'été & d'hiver, en voyageant en Vivarais, ceux-ci pour la haute Montagne fi l'on voyage en été, & ceux-
là pour le bas Vivarais où les chaleurs
font alors exceffives.

On doit s'attendre à trouver de mauvais lits & des auberges mal propres;
on eft fervi dans la Montagne de trui-
tes exquifes, de laitage délicieux.

On peut voyager à cheval dans tous
les lieux que jai indiqués; mais fi l'on
veut bien obferver ces objets, on s'éloigne des routes, on laiffe les chevaux au
village voifin, & l'on gravit des pics
& des roches nues qui montrent la nature à découvert.

Fin du Second Volume.

TABLE

Des matières du second Volume.

Fin de la Table des Matières du ſecond Volume.

R E M A R Q U E S.

Voyez l'Errata qui ſera à la fin du VI. vol.

Tome I. page 225, ligne 22., ajoutez : *Voyez dans le Supplément mes recherches ultérieures ſur ces expériences.*

Tome I. page 422, ligne 20, *un métal*, liſez, *un état.*

Le § 248 ſur la mine d'Aſprejoc a été tranſpoſé dans l'aſſemblage des cahiers manuſcrits: il appartient à un Chap. du Supplément.

AVIS DES ÉDITEURS.

NOus croyons devoir informer le Public qu'un Rédacteur (qui n'eſt pas du Vivarais , qui n'a paru que dans un village des frontières de cette Province , qui doit néanmoins en publier l'*Hiſtoire Civile & Naturelle* , qui , invité d'en viſiter les diverſes contrées , à répondu que ſon état l'en empêchoit) à écrit le 7 de l'an 1778 & le 18 février ſuivant , qu'il ſe ſerviroit des Ouvrages de MM. de Faujas & de Genſane , & qu'il inſéreroit *en partie* ou *en tout* le préſent Ouvrage , *préférant* , diſoit-il , les Hiſtoires Naturelles écrites ſur les lieux.

Quoique M. l'Abbé Giraud-Soulavie ait toujours dit à ce ſujet qu'il ſe croyoit bien flatté d'avoir fait des recherches utiles à quelqu'un , nous trouvant intéreſſés à ne pas permettre qu'on mutile ou qu'on copie ſon Ouvrage , nous prions le Compilateur de ne point y toucher ni *en partie* , ni *en tout* , ou de nous permettre d'avoir recours aux lois de la Librairie pour l'en empêcher. C'eſt pour traverſer cette entrepriſe que nous avons obtenu de M. l'Abbé Giraud-Soulavie qu'il conſerveroit cinq Chapitres pour un ſupplément , afin de de démontrer un jour ce plagiat : nous nous engageons à donner *gratis* à nos Souſcripteurs ces cinq Chapitres. Si le compilateur peut remplir ces cinq lacunes, nous déclarons notre procès perdu : & pour qu'il ne dise pas que ces Chapitres lui ont été volés, nous l'invitons à lire le présent Ouvrage qu'il a tant demandé dès 1778 : s'il fait en lier les faits épars, si seulement il peut faire une addition de la somme totale de la page 360 à celle que nous avons retenue, s'il fait tirer les conclusions qui se trouvent dans le Manuscrit que nous avons entre les mains, nous nous avouons publiquement calomniateurs. Ce Manuscrit est intitulé : *Histoire ancienne du globe terrestre d'après les observations faites depuis les bords de la mer jusqu'au sommet des plus hautes montagnes de la France, &c.*

AU RELIEUR.

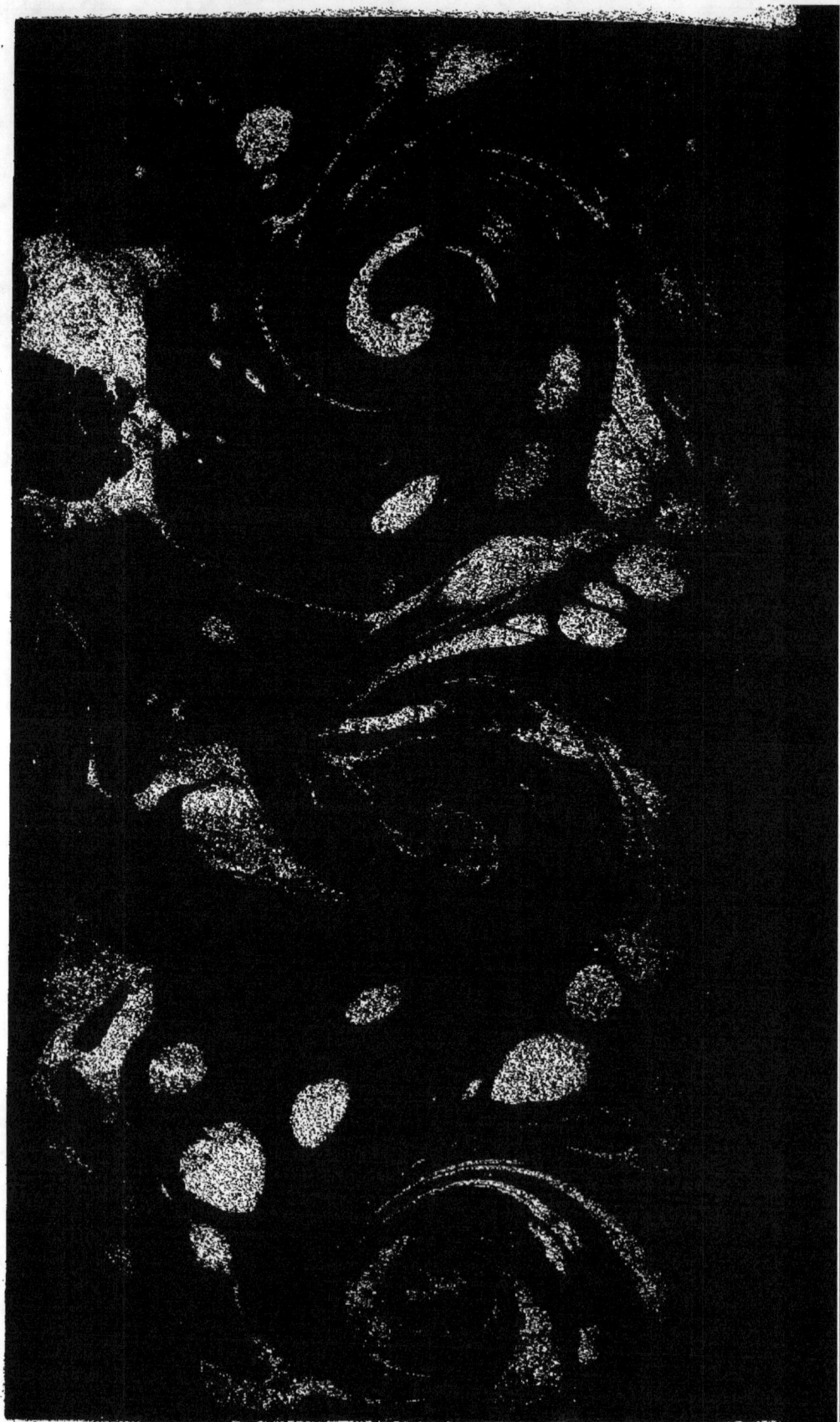

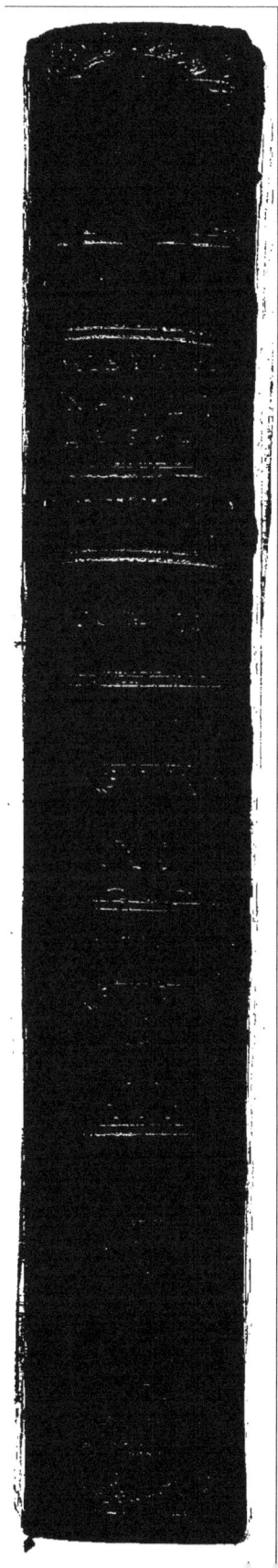

www.ingramcontent.com/pod-product-compliance
Lightning Source LLC
Chambersburg PA
CBHW061957220326
41599CB00021BA/3116